环保公益性行业科研专项经费项目系列丛书

重金属环境健康风险重点防控区划分及分级技术研究

程红光　崔祥芬　李　倩　路　路　刘雪莲
谢　婧　陈　菲　赵欣怡　程千钉　孙海旭　等著

U0208964

中国环境出版社·北京

图书在版编目（CIP）数据

重金属环境健康风险重点防控区划分及分级技术研究/程红光等著. —北京：中国环境出版社，2016.7

（环保公益性行业科研专项经费项目系列丛书/环境保护部科技标准司）

ISBN 978-7-5111-1594-2

Ⅰ. ①重⋯ Ⅱ. ①程⋯ Ⅲ. ①重金属污染—环境污染—影响—健康—防治—研究 Ⅳ. ①X503.1

中国版本图书馆 CIP 数据核字（2013）第 241516 号

出 版 人　王新程
责任编辑　孔　锦
助理编辑　高　艳
责任校对　尹　芳
封面设计　宋　瑞

出版发行　**中国环境出版社**
　　　　　（100062　北京市东城区广渠门内大街 16 号）
　　　　　网　　　址：http://www.cesp.com.cn
　　　　　电子邮箱：bjgl@cesp.com.cn
　　　　　联系电话：010-67112765（编辑管理部）
　　　　　　　　　　010-67187041（第一分社）
　　　　　发行热线：010-67125803，010-67113405（传真）
印　　刷　北京中科印刷有限公司
经　　销　各地新华书店
版　　次　2016 年 7 月第 1 版
印　　次　2016 年 7 月第 1 次印刷
开　　本　787×1092　1/16
印　　张　13.25
字　　数　350 千字
定　　价　68.00 元

《环保公益性行业科研专项经费项目系列丛书》
编委会

顾　问：吴晓青

组　长：刘志全

成　员：禹　军　陈　胜　刘海波

环保公益性行业科研专项经费项目系列丛书
序　言

　　我国作为一个发展中的人口大国，资源环境问题是长期制约经济社会可持续发展的重大问题。党中央、国务院高度重视环境保护工作，提出了建设生态文明、建设资源节约型与环境友好型社会、推进环境保护历史性转变、让江河湖泊休养生息、节能减排是"转方式调结构"的重要抓手、环境保护是重大民生问题、探索中国环保新道路等一系列新理念新举措。在科学发展观的指导下，"十一五"环境保护工作成效显著，在经济增长超过预期的情况下，主要污染物减排任务超额完成，环境质量持续改善。

　　随着当前经济的高速增长，资源环境约束进一步强化，环境保护正处于负重爬坡的艰难阶段。治污减排的压力有增无减，环境质量改善的压力不断加大，防范环境风险的压力持续增加，确保核与辐射安全的压力继续加大，应对全球环境问题的压力急剧加大。要破解发展经济与保护环境的难点，解决影响可持续发展和群众健康的突出环境问题，确保环保工作不断上台阶出亮点，必须充分依靠科技创新和科技进步，构建强大坚实的科技支撑体系。

　　2006 年，我国发布了《国家中长期科学和技术发展规划纲要（2006—2020年）》（以下简称《规划纲要》），提出了建设创新型国家战略，科技事业进入了发展的快车道，环保科技也迎来了蓬勃发展的春天。为适应环境保护历史性转变和创新型国家建设的要求，原国家环境保护总局于 2006 年召开了第一次全国环保科技大会，出台了《关于增强环境科技创新能力的若干意见》，确立了"科技兴环保"战略，建设了环境科技创新体系、环境标准体系、环境技术管理体系三大工程。5 年来，在广大环境科技工作者的努力下，水体污染控制与治理科技重大专项启动实施，科技投入持续增加，科技创新能力显著增强；发布了502 项新标准，现行国家标准达 1 263 项，环境标准体系建设实现了跨越式发展；完成了 100 余项环保技术文件的制作修订工作，初步建成以重点行业污染防治技术政策、技术指南和工程技术规范为主要内容的国家环境技术管理体系。

环境科技为全面完成"十一五"环保规划的各项任务起到了重要的引领和支撑作用。

为优化中央财政科技投入结构，支持市场机制不能有效配置资源的社会公益研究活动，"十一五"期间国家设立了公益性行业科研专项经费。根据财政部、科技部的总体部署，环保公益性行业科研专项紧密围绕《规划纲要》和《国家环境保护"十一五"科技发展规划》确定的重点领域和优先主题，立足环境管理中的科技需求，积极开展应急性、培育性、基础性科学研究。"十一五"期间，环境保护部组织实施了公益性行业科研专项项目 234 项，涉及大气、水、生态、土壤、固废、核与辐射等领域，共有包括中央级科研院所、高等院校、地方环保科研单位和企业等几百家单位参与，逐步形成了优势互补、团结协作、良性竞争、共同发展的环保科技"统一战线"。目前，专项取得了重要研究成果，提出了一系列控制污染和改善环境质量技术方案，形成一批环境监测预警和监督管理技术体系，研发出一批与生态环境保护、国际履约、核与辐射安全相关的关键技术，提出了一系列环境标准、指南和技术规范建议，为解决我国环境保护和环境管理中急需的成套技术和政策制定提供了重要的科技支撑。

为广泛共享"十一五"期间环保公益性行业科研专项项目研究成果，及时总结项目组织管理经验，环境保护部科技标准司组织出版"十一五"环保公益性行业科研专项经费系列丛书。该丛书汇集了一批专项研究的代表性成果，具有较强的学术性和实用性，可以说是环境领域不可多得的资料文献。丛书的组织出版，在科技管理上也是一次很好的尝试，我们希望通过这一尝试，能够进一步活跃环保科技的学术氛围，促进科技成果的转化与应用，为探索中国环保新道路提供有力的科技支撑。

中华人民共和国环境保护部副部长

吴晓青

2011 年 10 月

前　言

近年来，环境与健康事件频繁发生，引发了公众对环境污染相关健康损害问题的高度关注，国家相关政府管理部门也越发重视环境与健康管理工作，但受限于相关基础工作薄弱，缺乏全面的调研、监控和统计，目前尚无法从时间和空间上对我国环境污染导致了多大程度人群健康损害给予回应和解释，而且也不掌握应当重点控制的有毒有害污染物种类，以及污染的主要行业、来源、排放总量、污染负荷和环境分布。环境健康损害发生的滞后性以及多因多果性，要求从"以人为本"的角度，开展基于科学环境健康风险评价结果的风险管理。然而在我国全面开展的建设项目环境影响评价中，绝大多数缺少对健康影响的充分考虑。在已有评价中，存在指标选取缺乏客观合理性、未对社会经济、生活习惯等影响暴露效率的关键因素加以充分考虑的不足。虽然环境健康风险评价在发达国家已进入较为成熟的阶段，但针对重金属环境健康风险分区和分级技术的研究却凤毛麟角。为此，建立一套适合我国国情的重金属污染环境健康风险重点防控区划分及分级技术迫在眉睫。

《重金属环境健康风险重点防控区划分及分级技术研究》（以下简称"本书"），在调研分析我国铅和镉等主要重金属的环境污染高风险区域特点和高风险人群的分布及特征的基础上，结合既有环境分区及风险评价理论与方法，提出适合我国重金属污染特征和人群特征的环境健康风险重点防控区区划方法体系和风险分级技术方法，旨在为国家开展重金属风险管理提供依据。

本书考虑我国重金属污染普遍存在但点上高发的现状，分别构建了重金属环境健康风险分区和分级技术，并考虑不同区域尺度上，污染源、暴露途径和效率等信息可及性的差异，提出了宏观、微观有别的风险分区方法。根据构建的分区方法，以典型重金属污染物（铅、镉为）例，开展了宏观微观两个层面的案例研究；并根据风险分级方法，开展了典型铅、镉污染区域的风险分级研究;并在上述研究的基础上提出加强重金属环境健康风险管理能力的政策建议。

在研究撰写过程中,自始至终都得到了环境保护部健康管理处领导的悉心关怀和指导。环境保护部健康管理处宛悦处长、政策研究中心王建生主任、中国疾病预防控制中心职业卫生所孙承业研究员和张宏顺研究员、中国环境科学研究院段小丽副研究员、国务院发展研究中心苏杨研究员和北京师范大学环境学院林春野教授等领导和专家对本书的撰写和完善提出了许多宝贵的意见和建议。中国环境出版社对本书的编辑付出了大量的心血。在此,对关心和支持本书研究和出版的各位领导、专家和研究人员表示衷心的感谢,由于条件限制,书中不免存在不足和谬误之处,敬请批评指正。

作者

2016 年 6 月

目 录

第一章 绪 论

改革开放 30 多年来，我国的综合国力不断增强，人民生活水平得以提高，但与此同时，环境污染问题日益严峻，我国正面临着历史累积污染问题的健康损害效应逐渐显现、工业化引发的新型环境污染健康风险日趋严重的局面。我国重金属污染是在长期的矿山开采、加工以及工业化进程中累积形成的，现阶段已经进入了环境与健康问题的高发期，对自然生态和群众健康构成了严重威胁，造成了严重的社会影响。自 2009 年以来，我国已连续发生了 30 多起特大重金属污染事件：湖南浏阳镉污染事件、中金岭南铊超标事件、四川内江铅污染事件、山东临沂砷污染事件、福建紫金矿业溃坝事件等，一系列重金属污染事件触目惊心。因此，明确重金属污染在全国的分布及地球化学特征，人体暴露于环境重金属的途径及其健康损害，建立人体重金属暴露健康的健康效应诊断方法，是开展重金属污染健康风险管理的基础工作。基于《重金属污染综合防治"十二五"规划》已将铅、镉、汞、铬和类金属砷列为重金属污染综合防治的重点物质，其中，铅是我国重金属污染健康相关健康损害事件的首要致害物，镉则是造成我国土壤污染的首要无机污染物。为此，本书以铅、镉为典型污染物，兼顾铬、汞、砷三类重金属重点污染物进行全局性分析。

一、重金属矿产资源的储量及分布

1. 铅锌矿

我国铅矿产资源储量丰富，其主要与锌矿、银矿和铜矿伴生存在。2014 年，我国铅资源储量和基础储量仅次于澳大利亚位居世界第二位，资源开采量为 295 万 t，位居全球之首（USGS，2015），就国内而言主要分布在云南、内蒙古、广东、海南、甘肃、湖南、四川、江西、广东、广西和河南等省（地区），其他省市储量分布较少（马茁卉，2008）。环境中的铅主要来源于因火山爆发、森林火灾等自然现象释放的自然源和人为生产生活活动排放的非自然源，其中人为排放是造成环境铅污染的主要原因。含铅矿产资源的开发利用以及含铅制品的消费使用均可向环境释放重金属铅，对区域环境造成污染。就大气铅而言，其主要来源于工业生产活动（Wang et al.，2000），以及电力生产和交通燃油排放（Pacyna et al.，2009），此外有色金属的冶炼和精炼是大气铅排放的重要来源之一。此外，钢铁生产的高温处理过程，生活垃圾的焚烧、水泥生产以及含铅金属的工业应用均可释放铅（Hutchinson et al.，1987）。在我国禁止使用含铅汽油前，机动车燃油是大气铅排放的主要来源，但自 2001 年禁止使用含铅汽油后，这一来源的贡献不断降低，与此同时燃煤和有色金属冶炼日渐成为主导源（Li et al.，2012）。

2. 镉

镉作为一种稀有重金属，普遍应用于电镀、印染、合成化学品、制陶业，电子工业等（Safarzadeh et al.，2007），中国是全球主要镉资源国之一（中国地质矿产信息研究院，1993）。截至 2005 年，我国有分布于 23 个省、市、自治区的 183 处伴生镉矿产地列入储量表，累计探明镉资源储量约为 71.95 万 t，其中镉资源储量约为 58.24 万 t。我国镉矿产资源分布相对集中，主要分布于我国中部、西南部以及华东地区。这些区域的累计探明镉资源储量占全国保有量的 87.10%，其中云南、甘肃、福建、四川四省的镉资源最为丰富，累计占全国探明总量的 77.3%。最为有名的矿区为云南金顶铅锌伴生镉矿和贵州都匀牛角塘大型镉矿（袁珊珊等，2012）。

3. 砷

矿业活动是导致环境砷污染的重要原因之一（Baroni et al.，2004；Liao et al.，2005；Mandal & Suzuki，2002），从工业时代的 1850—2000 年，全球人为活动向环境排放的砷逐年增加，其中矿业活动产生的砷量占 72.6%（Han et al.，2003）。我国是世界砷矿产资源分布的大国之一，全球探明砷储量 70% 集中在我国（魏梁鸿等，1992）。截至 2003 年，我国 19 个省、自治区的 84 处砷矿产列入储量表，其中保有基础储量 58.0 万 t，主要集中分布于中南及西部地区，其中广西、云南和湖南三地区的累计探明量占全国的 61.6%。在此探明储量最多的三省区中，广西南丹和云南个旧两地的砷矿资源累计探明量分别为 106.3 万 t 和 41.0 万 t，分别占全国总储量的 26.8% 和 10.3%（肖细元等，2008）。

4. 铬

我国铬矿资源匮乏，截至 2002 年年底，全国共有矿产地 54 处，主要分布于西藏、内蒙古、新疆和甘肃四省累计占全国总储量的 80.7%（刘随臣，2004）。但与此同时，我国是世界上较大的铬铁矿进口国之一，且进口量逐年增长（郑明贵等，2011）。铬主要应用于电镀、染料、制药、皮革、颜料等行业，铬化物制造企业所排放的"三废"不断造成环境污染（郭舜勤，1992）。

5. 汞

汞是一种全球性污染物，可经大气进行长距离传输（Lindqvist，1991）。我国汞矿资源较为丰富，已探明有储量的矿区 103 处，累计探明金属汞储量 14.38 万 t，位居世界第三（中国矿业网，2003），分布于 12 个省区，其中贵州位居榜首（杨海等，2009）。闻名于世的汞矿有贵州万山汞矿、务川汞矿，丹寨汞矿、铜仁汞矿（仇广乐，2005）以及湖南的新晃汞矿等。汞矿山活动不仅会产生大量的采矿废石和冶炼矿渣等固体废弃物（Gray et al.，2004；Li et al.，2008；Qiu et al.，2005），还对周边土壤和水体造成严重的污染（Gray et al.，2003；Gray et al.，2000；Li et al.，2008；Qiu et al.，2005；Qiu et al.，2006），进而对区域食物造成严重的汞污染（Feng et al.，2007；Gray et al.，2000；Horvat et al.，2003；Qiu et al.，2005）。此外，汞矿山活动还会释放高汞含量的废气，造成汞矿区大气的严重污染（Ferrara et al.，1998；S. Wang et al.，2007；Wang et al.，2007）。

二、重金属的地球化学特征

重金属元素普遍存在于大气、土壤、水体和生物体等各种环境介质中。由图 1-1 可见，土壤既是重金属元素源，也是汇。各介质中的重金属元素均可输入土壤，造成土壤重金属含量的增加，与此同时，土壤中的重金属可通过径流、起尘、渗漏、风化、侵蚀等外力作用向其他环境释放重金属。

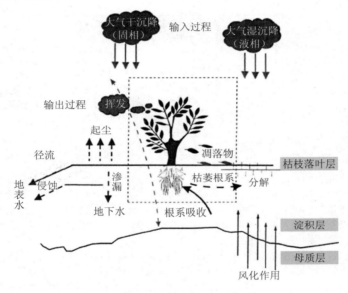

图 1-1　重金属元素的地球化学循环特征（史贵涛，2009）

重金属的环境归趋、潜在危害均与环境中重金属的生物地球化学行为特征密切，本书将铅、镉、砷、铬和汞五种重金属的理化性质、环境中存在的形态、主要用途及生物毒性梳理归纳如表 1-1 所示。

表 1-1　主要重金属的理化性质、存在形态及主要用途

重金属	理化性质及毒性	存在形态	主要用途
铅（Pb）	灰白色金属，比重为 11.34，熔点 327.5℃，沸点 1 525℃，在干燥空气中不易发生化学反应，与酸反应可产生一层难以溶解的 Pb 酸盐保护膜。毒性系数为 5	可生成+2 价和+4 价化合物，无机化合物有 PbO，PbO_2，$Pb(OH)_2$，$PbCO_3$ 等，有机化合物有四乙基铅等。在自然界中通常以+2 价、硫化物和氧化物形式存在，少数以金属态存在	化工设备和冶金工厂电解槽的内衬、电缆保护膜、电池板、合金材料、油漆涂料、抗爆剂等
镉（Cd）	淡蓝具有银白色光泽，熔点 321℃，沸点 767℃。加热挥发，高温下能与卤素发生反应，能与多数重金属形成化合物，溶于硝酸形成盐。其化合物中，氧化物的毒性最大，毒性系数为 30	自然环境中有时以+1 价存在，但主要为+2 价。常和锌矿共生，以 CdS、$CdCO_3$、CdO 形式存在，锌矿、方镉矿、块硫锑矿中均含有 Cd，含量介于 0.1%～0.5%	常作为原料应用于颜料和涂料生产中、聚氯乙烯树脂的盐基稳定剂、阴极射线管和 Ni-Cd 电池；生产不锈钢、易熔合金、轴承合金的重要原料；电镀行业的 Cd 板，荧光体的生产等

重金属	理化性质及毒性	存在形态	主要用途
砷（As）	类金属，有金属光泽的暗灰色固体，质脆；熔点为814℃，不溶于水和有机溶剂，613℃时升华；一般以多原分子存在，形成多种同素异性体；在空气中易氧化，可被HNO_3、王水和$NaClO$溶解而形成亚砷酸或砷酸。毒性系数为10	环境中一般以+5、+3、0、−3四种价态存在；主要的化合物种类有As_2O_3、As_2S_2、As_2S_3、As_2O_5、AsH、$−CH_3$等；自然界中分布较多的矿石是砷黄铁矿、雄黄和雌黄等，多伴生于Cu、Pb和Zn等的硫化矿物中，和黄铜矿。黄铁矿和闪锌矿一起生产	在工业生产过程中应用较广，其化合物，如As_2O_3等多年来被用作杀虫剂、除锈剂、杀菌剂等；用作木材防腐剂、肥料脱硫剂、脱色剂、脱毛剂；化学工业用As及其化合物制造燃料、涂料、农药等；Pb-As合金用作蓄电池极板和电缆皮；高浓度As用作半导体材料；AsS等可用于军火工业
铬（Cr）	银白色有光泽的金属，比重为7.2，熔点1 550℃，沸点2 469℃；在空气中是稳定的，不溶于水和硝酸，溶于稀盐酸和硫酸，生成相应的盐；单质Cr无毒；三价Cr有毒，六价Cr毒性最大，且具有腐蚀性。毒性系数为2	在自然界中以多种价态形式存在，常以+2价、+3价和+6价存在；Cr化合物最多的是三价和六价，有Cr_2O_3、CrO_3、K_2CrO_4等；在有机质和还原条件下，Cr^{6+}可还原成Cr^{3+}；在厌氧状态的水体中，一般以Cr^{3+}式存在，Cr^{6+}在富氧状态下是稳定的；一般沉积岩中含有较多Cr，在菱铁矿中富集	主要用于钢铁生产，铁铬和硅铬的冶炼；在耐火材料方面生产铬镁火砖，用作铸钢造型的铬砂；化学材料上重铬酸盐广泛应用于电镀、皮革、制药、防腐剂、防磨剂、染料、颜料及合成催化剂等
汞（Hg）	银白色发光液体，熔点为−38.87℃，沸点为365.95℃，比重为13.546；具有溶解钾、钠、锌、镉和铅等多种重金属的能力，形成汞齐；可溶于硫酸和硝酸中；与硫和氯结合的能力较强。毒性系数为40	在自然界中，多以金属Hg，无机Hg和有机Hg的形式存在。无机Hg有+1价和+2价化合物，有机Hg有甲基Hg、苯基Hg以及乙基Hg等。广泛分布于土壤、大气、生物和水体各圈层中；存在于岩石中含Hg矿物有辰砂、硫汞锑矿和汞黝铜矿，含量在0.5%左右	Hg的用途极为广泛：水银电解法中作阴极制造电解氯和苛性钠；应用于各种电器和机械工业，制造温度计、比重计、血压计、荧光灯、X射线管、水银电池等；汞齐可应用于医疗、铸造以及金属冶炼等行业；Hg的化合物可用作催化剂、颜料、起爆剂、防腐剂；有机Hg化合物可用作杀菌杀霉剂；医疗上用大量的红Hg作为消毒剂

1. 重金属铅的地球化学特征

铅（Pb）已成为全球性的污染物，含铅烟雾在空气中的半衰期为7～30 d，可通过大气干湿沉降进入陆地和水体，其在地球各圈层中的地球化学循环过程如见图1-2所示。水环境中铅主要以离子态的形式存在，其含量受水体中的HO^-、Cl^-和CO_3^{2-}等离子的影响，二价铅可与多种离子形成络合物或配合物。一般而言，因悬浮颗粒物和沉积物等的强烈吸附作用，在实际自然水体中铅的含量相对较低。土壤环境中，铅主要以$PbCO_3$、$PbSO_4$、$Pb(OH)_2$等固体形式存在，土壤溶液中可溶性铅的含量相对较低，故其迁移性相对较低。

2. 重金属镉的地球化学特征

重金属镉（Cd）广泛分布于大气、土壤和水体中，但其含量受人为影响较大，每年因人为排放向自然界输入的量比自然输入量高近一个数量级。Cd在地球各圈层中的地球化学循环如图1-3所示（Nriagu，1980，1989）。相较于其他几种重金属，Cd更易在水环境和土壤中迁移。在自然水体中，Cd主要以Cd^{2+}存在，其化合物除硫化镉（CdS）外均能溶于水，属于是水迁移性的金属元素。Cd 也能与 HO^-、Cl^- 和 CO_3^{2-} 等多种离子结合形成配合物，进而加速在水体中的迁移。土壤 Cd 一般累积于表层土壤，深层则显著减少。通常有机质含量越高，粒径越细的土壤对 Cd 的吸附量越大。植物体内含 Cd 量一般较低，大多数均在 1 mg/kg 以下，在众多植物中，藏类植物和苔藓植物含量较高。在土壤环境中，Cd 的赋存形态十分复杂，包括可交换态、铁锰氧化物结合态、碳酸盐态、有机态、硫化物态、晶格态、可溶态七种，其中可溶态 Cd 会因降水产生的地表径流造成水体污染，也会因垂直渗透等作用污染地下水，而可交换态 Cd 则可通过食物富集进入生物圈。

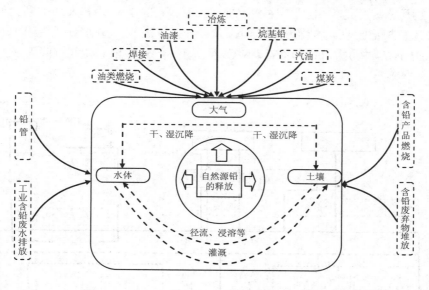

图 1-2 铅在大气—水体—土壤环境中的地球化学循环（许嘉琳等，1995）

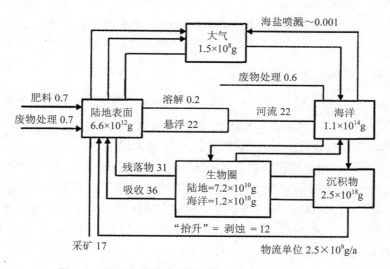

图 1-3 镉的生物地球化学循环（史贵涛，2009）

3.重金属砷的地球化学特征

自然环境中，砷（As）的循环如图 1-4 所示。不同来源的 As 进入水环境后，可通过复杂的理化反应进入沉积物、生物或溶解在水体中，并可被微生物氧化还原为有机 As 化合物。环境中的砷酸盐在厌氧菌的作用下可生成甲基砷酸，在好氧条件下则先生成甲基砷酸，随后出现二甲基砷酸和三甲基砷酸。土壤环境中，As 多以 As^{+5} 价，As^{+3} 价存在，有机 As 较少，其毒性表现为 As^{+3}＞As^{+5}＞挥发性有机 As＞不挥发性有机 As。在土壤环境中，As 经微生物还原甲基化作用后，可生成 $(CH_3)_2AsH$ 或 $(CH_3)_3As$ 而挥发逸散到大气中。土壤 As 也可被植物根部吸收，转化为 $(CH_3)_3As$ 从叶面排入大气，并与 O_2 反应生成 $(CH_3)_3AsO$ 或 $(CH_3)_2As(OH)$，并与大气中的 O_3 或 N_2O_4 反应生成 As_4O_6 液态微粒沉降落回土壤表面，再转化为 $HAsO_2$。

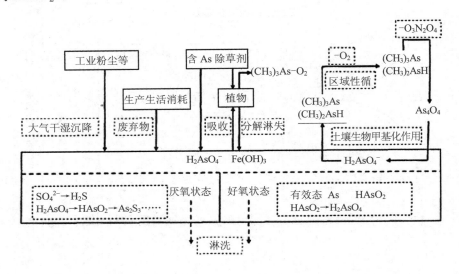

图 1-4　自然界砷循环示意（史贵涛，2009）

4.重金属铬的地球化学特征

不同于其他四种重金属元素，铬（Cr）是生命活动的必需元素，其在地球化学生物环境中的循环过程如图 1-5 所示。大气是 Cr 向生态系进行长远距离传输的主要途径，土壤环境中，Cr 可能以 Cr^{3+}、CrO_2^-、CrO_4^{2-} 和 $Cr_2O_7^{2-}$ 四种形态存在，其中 Cr^{+3} 较稳定，是土壤 Cr 存在的主要形态（廖自基，1989）。Cr^{+3} 进入土壤后，绝大部分被土壤吸附固定，以 Cr 和 Fe 的氢氧化物混合物或被封闭在 Fe 的氧化物中而存在，在土壤中难以迁移。相较而言，CrO_4^{2-} 和 $Cr_2O_7^{2-}$ 的迁移能力较强，可被植物吸收或淋溶到深层土壤、地下水或地表水中造成污染。Cr^{3+} 和 Cr^{6+} 之间可以发生氧化还原反应，其过程受土壤环境的 pH、O_2 浓度等因素影响（朱定祥等，2004）。

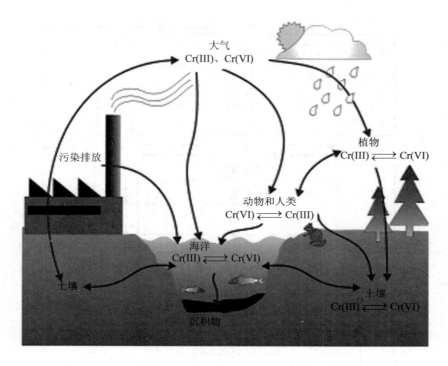

图 1-5 铬的地球化学循环示意（Bielicka et al.，2005）

5. 重金属汞的地球化学特征

汞（Hg）广泛分布于地球各圈层中，全球每年产生的 Hg 绝大部分进入大气和水体，其生物地球化学循环如图 1-6 所示。水环境中的污染物 Hg 主要源于氯生产、电器装备、造纸等行业。Hg 在水体中难以被微生物降解，Hg 自污染源释放进入自然水体后，一部分被吸附进入沉积物，另一部分溶解于水体中，与水体中的 HO^-、Cl^- 以及 $(NH_3)^-$ 等生成可溶性配合物。水环境沉积物中的 Hg 在微生物的作用下可以甲基化，形成有机 Hg（图 1-7）。这一过程中，无机 Hg 首先必选转化为 Hg^{2+}，方可与有机物经阳光照射后产生的游离 $(CH_3)^-$ 结合生成甲基汞（$(CH_3)_2Hg$）。与此同时，有机 Hg 在光照或微生物作用下，也可降解形成无机 Hg。当 Hg 进入土壤后，绝大部分被土壤颗粒吸附固定，一般而言有机 Hg 最容易被吸收，HgO 和 HgS 较难被吸收。

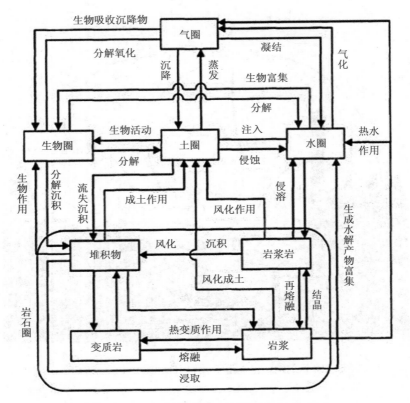

图 1-6　汞的生物地球循环（史贵涛，2009）

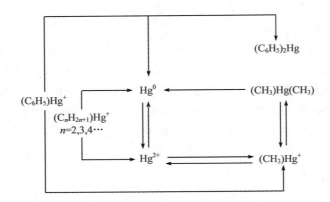

图 1-7　汞在自然界中的形态转化（史贵涛，2009）

三、重金属污染的分布特征

重金属广泛分布于大气、水体、土壤和生物环境中，但由于土壤兼具重金属污染汇与源的属性，且重金属在土壤中迁移性较低且难以被土壤污染物分解，土壤污染一旦形成便难以消除，故此部分内容重点关注我国土壤重金属的分布特征。土壤重金属污染与区域涉重金属污染的人为活动强度以及土壤母质中重金属含量密切相关，且由于重金属在土壤中的迁移性相对较低，其污染呈现区域性分布。

20 世纪 90 年代，中国"'七五'科技攻关专题"对中国土壤环境背景值进行了研究。就土壤背景看：土壤铅，在我国西南部的云贵川地区、南方湖南、江西、福建和两广地区的分布较高；土壤镉，在我国西南部以及西北部分布较高，且内蒙古、辽宁等地区也偏高；土壤砷，在我国中南地区以及西部地区分布较高，尤以广西、贵州以及西藏地区偏高；土壤铬，在我国西南、中南地区分布较高，尤以广西、川渝地区、两湖以及藏东南地区偏高；土壤汞，在我国东南部和东北部分布较高，尤以广西、贵州、湖南、上海、江苏和内蒙古地区偏高（魏复盛等，1990）。

2014 年环境保护部和国土资源部联合发布了《全国土壤污染状况调查公报》（以下简称"土壤调查公报"），数据显示全国土壤总的超标率为 16.1%，以无机型污染物污染为主，西南、中南地区土壤重金属超标范围较大，其中镉污染居于首位（点位超标率为 7.0%），随后依次是砷（2.7%）、汞（1.6%）、铅（1.5%）和铬（1.1%）。镉、汞、砷、铅 4 种无机污染物含量分布呈现从西北到东南、从东北到西南方向逐渐升高的态势（环境保护部和国土资源部，2014）。

城市通常是人口稠密地区，城市土壤是人类生活最为密切的土壤环境（Abrahams，2002；Ajmone-Marsan & Biasioli，2010），重金属在土壤中的富集与人类健康息息相关。Cheng 等（2014）对全国 32 个省会城市土壤重金属进行了梳理，结果显示：①土壤铅：31 个调查城市深层土壤铅的平均浓度等于 20 世纪 90 年代全国土壤铅背景值（27 mg/kg），其中福州和广州平均水平最高，分别为 66 mg/kg 和 50.8 mg/kg，而北京、呼和浩特、乌鲁木齐、银川以及郑州的铅含量相对较低，低于 20 mg/kg；而这些城市表层土壤（0～20 cm）铅含量的平均水平为 45.3 mg/kg，在 31 个城市中 29 城市的土壤铅平均值低于 100 mg/kg。②土壤镉：31 个城市中，23 个城市的深层土壤镉水平介于 0.103～0.457 mg/kg，高于 20世纪 90 年代全国土壤镉背景值（0.097 mg/kg），8 个城市低于全国背景值；昆明、沈阳、长沙、西安、贵阳、天津、上海、广州和武汉的表层土壤镉平均含量高于土壤镉二级标准（pH≤7.5 为 0.300 mg/kg、pH＞7.5 则为 0.600 mg/kg）（国家环境监督局和国家技术监督局，1995），其中昆明、沈阳、上海和长沙四城市表层土壤的平均值为 2.87 mg/kg、1.161 mg/kg、1.091 mg/kg 和 0.876 mg/kg。③土壤砷：深层土壤和表层土壤砷的平均浓度分别为11.4 mg/kg 和 11.1 mg/kg，接近全国土壤砷背景值水平（11.2 mg/kg），其中表层土壤砷含量最高和最低的城市分别为贵阳（26.2 mg/kg）和海口（3.7 mg/kg）。④土壤铬：深层土壤铬水平 42～109 mg/kg，平均值为 73 mg/kg；表层土壤铬含量 37～114 mg/kg，平均值为76 mg/kg，其中表层土壤铬含量较高和最低的三个城市依次为上海（114 mg/kg）、贵阳（112 mg/kg）、昆明（110 mg/kg）和福州（37 mg/kg）、拉萨（42 mg/kg）和呼和浩特（48 mg/kg）。⑤土壤汞：31 个调查城深层土壤汞浓度 0.018～0.210 mg/kg，其中 14 个城市低于全国背景值（0.065 mg/kg），17 个城市低于全国背景值；绝大部分城市的表层土壤汞含量为 0.100～0.300 mg/kg，北京、福州、广州、贵阳、杭州、昆明、上海和西安地区的汞污染水平较高，平均汞浓度高于二级土壤质量标准（0.300 mg/kg），呼和浩特、兰州、乌鲁木齐、银川和郑州的土壤汞污染水平较低，平均浓度小于等于 0.100 mg/kg。

农田土壤是保障食品安全的基础，农田土壤重金属污染对人群健康风险已引起广泛关注（Khan et al.，2008）。张小敏等（2014）对 2000—2014 年有关农作物土壤重金属含量的研究成果进行梳理，发现我国农田土壤铅含量的高值出现在西南地区，在西藏东部以及云南、四川地区，广东西北部与湖南交界地区以及辽宁渤海湾地区的农田土壤铅含量较高，其他地区土壤铅相较背景值变化不大，且分布较为均匀，其中云南省是我国农田土壤铅含量最高的省，均值为 118.29 mg/kg；农田土壤镉相对而言在西部地区分布较高，但在南方的四川、湖南、湖北、江苏和广东等南方地区出现了多个高值区；农田土壤铬分布自云南向东北方向，直至江苏地区连续出现高值并在黄环渤海地区，尤其是京津唐地区也有高值区分布。

四、人体对主要重金属的暴露途径

1．人体对环境重金属铅暴露的来源与途径

人体铅暴露来源广泛，包括被污染土壤、空气和饮用水，以及含铅油漆、陶瓷玻璃器具的使用等。就环境暴露而言，主要通过呼吸道吸入和消化道摄入两大途径摄入，皮肤接触对无机铅的吸收可忽略不计，其中 50%～45% 吸入的铅被人体吸收，而 5%～15% 消化道摄入的铅被人体吸收（Davidson et al.，1991）。成人的主要在职业环境，通过直接呼入或吞咽的方式暴露于铅。儿童对铅的暴露方式有别于成人，其主要在生活环境通过手—口途径暴露于尘/土中的铅。由于行为习惯和体内代谢的不同，儿童更易感于铅暴露，儿童对经消化道摄入的铅的吸收率和滞留率分别为 42% 和 32%，远高于成人（5%～15%，<5%）（Goyer et al.，1991）。美国儿童的研究显示，两岁儿童铅暴露中，44% 来源于尘，40% 来源于食物，14.6% 来源于水和饮料，仅有 1% 源于空气吸入（Elias，1985）。然而，人体铅摄入水平与其所处的环境密切相关。中国的研究显示膳食是儿童铅暴露主要暴露途径（污染区：67%，对照区：87%），其次为尘的手口途径暴露（污染区：20%，对照区：4%），经皮肤吸收的铅暴露可忽略不计，其贡献率均不足 0.1%（李倩，2013）。

2．人体对环境重金属镉暴露的来源与途径

就一般人群而言，膳食是人体暴露于环境镉的主要途径，非吸烟人群中超过 90% 的镉暴露来源于膳食摄入，但在重污染区镉通过再悬浮尘的吸入和摄入所在的比例较大（WHO/UNECE，2006）。相对膳食镉暴露而言，经空气吸入和饮水摄入所占的比例较少，不足 10%。在芬兰，日均膳食镉暴露（10 μg/d）水平几乎是饮水摄入（0.1 μg/d）和空气吸入（0.02 μg/d）的 100 倍。日本和中国膳食镉暴露的比例分别为 97% 和 94%（WHO/UNECE，2006）。此外，对于吸烟者而言，烟草是镉暴露的重要来源之一。研究显示，在非污染地区，经吸烟摄入的镉几乎等同于膳食摄入（WHO，1992b）。但在职业环境中，镉烟/尘的吸入是职业人群暴露于镉的主要途径（Järup et al.，1998a）。

膳食镉摄入及其对健康的影响引起了国际社会的广泛专注，美国、比利时、法国、日本、韩国等发达国家，在全国总暴露调查或全国消费调查数据的基础上，开展了膳食镉暴露调查。从不同国家膳食镉的摄入水平看，中国居民的膳食镉摄入呈增加趋势，但低于日

本、孟加拉等国家（表 1-2）。但最近一区域性研究的结果表明，我国膳食镉摄入水平为31.4 μg/d，不仅远高于我国既往水平，且已经超过日本（Yuan et al.，2014）。

表 1-2 不同国家总膳食调查膳食镉摄入水平

国家	日均镉摄入量	文献来源
韩国	14.3	（Lee et al.，2006）
中国（1990）	13.8	（Gao et al.，2006）
中国（1992）	19.4	（Gao et al.，2006）
中国（2000）	22.2	（Gao et al.，2006）
黎巴嫩	15.8	（Nasreddine et al.，2010）
美国	11.5～14.2	（Egan et al.，2007）
新西兰	24	（Vannoort et al.，1997）
孟加拉国	34.6	（Rmalli et al.，2012）
智利	20	（Muñoz et al.，2005）
比利时	23.1	（Cauwenbergh et al.，2000）
法国	11.2	（Arnich et al.，2012）
意大利	13.6	（Turconi et al.，2009）
欧盟国家	18.9	（EFSA，2012）
西班牙	11.2	（Rubio et al.，2006）
日本	25～30	（Ikeda et al.，2004）

3. 人体对环境类金属砷暴露的来源与途径

砷广泛存在于环境中，无机砷具有高毒性。人群可通过饮用砷污染水体，摄入因使用砷污染水灌溉或烹饪的膳食、职业暴露以及吸烟等途径暴露于砷，其中食物和饮水摄入是非职业暴露的主要途径，而呼吸道吸入的贡献很低，经皮肤吸收可以忽略不计（Kapaj et al.，2006；Polissar et al.，1990；Rahman et al.，2009）。地下水砷污染已引起了全球的广泛关注（Bhattacharya et al.，1997；Bhattacharya et al.，2002；Rodríguez-Lado et al.，2013），其是人体暴露于无机砷的主要来源之一。此外，木材和生活燃煤也是砷暴露不可忽视的来源（Belkin et al.，1997）。对于职业暴露而言，许多国家制定了职业法规，并制定了工作场所无机砷的最大允许浓度，其范围介于 0.01～0.1 mg/m^3（ILO，1991）。

4. 人体对环境重金属铬暴露的来源与途径

重金属铬摄入的重要途径为膳食摄入、饮用水摄入以及土壤摄入（儿童）以及游泳或沐浴时镉污染水体的吞咽。总铬摄入的 2%～3%会被消化道吸收，而其余部分则随尿液排出体外。①消化道摄入：少量的 Cr^{3+} 是人体必需的营养素。Cr^{6+} 摄入体内后，胃液会迅速将其100%转化为 Cr^{3+}，这使 Cr^{6+} 摄入不会对人体产生健康危害。（Flegal et al.，2001；Khitrov et al.，2002；Wilbur et al.，2000）。②皮肤接触：非职业暴露皮肤铬接触的风险较低，一般通过游泳、沐浴以及接触被污染尘/土。职业人群通常通过皮肤接触工作环境中的含铬尘土或液体暴露于 Cr^{6+}。Cr^{6+} 比 Cr^{3+} 更易溶于水，其皮肤渗透率为 Cr^{3+} 的 10 000 倍（S. Wilbur et al.，2000），但当皮肤破损时，皮肤对两者的渗透率相等。③呼吸道吸入：含铬烟尘、气溶胶等的吸入是铬摄入的重要途径。Cr^{6+}和Cr^{3+}吸入的健康效应明显不同，Cr^{6+}由于其水溶性更高，而相较于Cr^{3+}更易被肺部吸收。虽然53%～85%的Cr^{6+}可被肺泡或黏液清除，但仍有15%～47%的滞留于肺部，进而产生毒性，甚至癌症（Baetjer et al.，1959；Wilbur et al.，2000）。

5．人体对环境重金属汞暴露的来源与途径

人群可通过职业接触或日常接触等途径暴露于重金属汞。无机汞广泛应用于工业生产中，职业工人可能通过吸入汞蒸气、烟尘，或手—口摄入，或皮肤、眼睛接触等途径暴露于无机汞，其中呼吸道吸入是职业暴露的主要途径（OSHA，2011）。

就一般人群而言，有研究显示，30%～40%的总汞暴露来源于消化道摄入（Nadakavukaren，2001）。其中鱼类的摄入是有机汞摄入的主要来源（Burns-Naas et al.，2001；Mergler et al.，2007），喜食鱼类的人群风险更高。水生食物链对甲基汞有生物蓄积作用，且蓄积于肌肉组织中的甲基汞难以通过烹饪的方式得以消除。然而，在我国的内陆地区，尤其是被视为"汞都"的贵州，汞暴露的首要暴露途径是大米食用（总汞：33%～52%；甲基汞：≥94%），而仅有1%～2%来源于鱼类摄入（Zhang et al.，2010），这造成了我国万山地区成年人总汞的摄入远高于日本和挪威，但甲基汞的暴露则远低于上述地区。

五、重金属暴露对人体的危害

环境污染物对作用于人体产生的人群健康效应，是一个由人体负荷增加到患病、甚至死亡的连续多阶段的过程（程胜高等，2006），通常数量比例上呈金字塔形分布（图1-8）。当前，绝大多数的环境污染对人群健康影响，限于污染物及其代谢产物在人体内过量负荷和出现亚临床变化。重金属污染对人群的健康影响表现为多系统、多器官的损害，即重金属元素在人体内积累，可导致神经系统、呼吸系统、血液系统、免疫系统和消化系统的损伤，对肾脏和心脏等器官产生损害，甚至致畸和致癌，但目前我国重金属污染尚未导致痛痛病、水俣病等疾病的出现，大多数尚处于"生理负荷增加"的阶段，如铅中毒、尿镉水平增加等。

1．重金属铅对人体的危害

铅是一种有毒的重金属元素，能对机体产生多系统、多器官的损伤，会造成脑病、外周神经疾病、贫血以及肾衰竭等一系列的不良健康效应（Rosner et al.，2007；WHO，1995）。环境铅污染对人体的健康效应多停留于"亚临床毒性"阶段，WHO（2010）基于既往研究总结了不同血铅负荷水平下的亚临床特征（图1-9）。

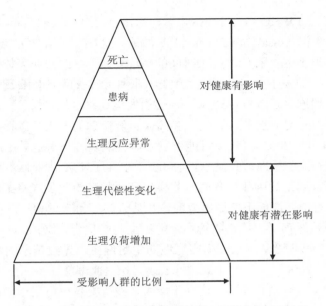

图 1-8　环境污染的人群健康效应谱（程胜高等，2006）

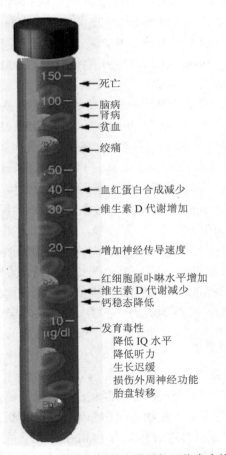

图 1-9　人体不同铅负荷水平下的亚临床症状

据世界卫生组织（WHO）报告数据显示，铅污染对全球疾病负担的贡献为 0.6%，为 900 万伤残调整寿命年（disability adjusted life year，DALYs）（WHO，2011）。成人对铅的暴露包括高浓度的职业暴露和低浓度长时间的环境暴露。铅的职业可能降低人体的免疫功能，增加感冒和流感的发生（Klaassen，2013）。职业铅暴露还可以表现为神经毒性，导致外周神经病变，血铅水平达 40 μg/dL 时，便会引发运动神经功能障碍（Goyer，1990）。铅暴露表现出肾毒性，可导致肾衰竭，痛风和高血压等疾病的发生，血铅水平与血压呈正相关关系（Nawrot et al.，2002），进而可能引发心血管疾病（Navas-Acien et al.，2007）。美国一项基于全国营养调查的研究显示，13 000 名调查对象中，血铅水平为前 1/3（≥ 3.6 μg/dL）的人群，其全死因死亡和心血管疾病死亡的风险增加（Menke et al.，2006）。此外，产前铅暴露对子代造成不良健康效应，出现早产、死产和低体重儿等不良生育结局，甚至影响子代的生殖发育，出现神经管畸形等不良功能性损伤（Bellinger，2005；陈莉莉等，2009）。此外，职业铅暴露也会损害男性的生殖健康，导致精子的形态异常和数量减少（Telisman et al.，2000）。

儿童因对铅的暴露风险和易感性均高于成人，被认为是环境铅污染的高风险人群。从高暴露风险而言：①儿童可能从产前便在母体中暴露于铅；②儿童单位体重的膳食、饮用水摄入量和呼吸速率高于成人；③儿童手口途径暴露于环境铅。从高易感于铅毒性而言：①产前和婴幼儿期的铅暴露会干扰大脑的生长、发育（Bellinger et al.，1992；Needleman et al.，1990；Rogan et al.，2001）以及改变基因表达造成不可逆的儿童认知功能低下或智力损伤（Basha et al.，2005；Pilsner et al.，2009；Wu et al.，2008）；②儿童消化道对摄入铅的吸收率（50%）远高于成人（10%）。

铅具有神经系统毒性，可造成外周神经系统和中枢神经系统损伤，造成外周神经系统相关的运动功能失调以及中枢神经系统相关的神经行为功能失调甚至脑病。研究显示，学龄前儿童血铅水平处于 10～20 μg/dL 时，血铅水平每增加 1 μg/dL，会造成智商（Intelligence Quotient，IQ）下降 15%～30%（Pocock et al.，1994；Schwartz，1994）。当儿童血铅水平低于 10 μg/dL 时，其与智力损伤的量反应关系强于高血铅水平（Lanphear et al.，2005；Schnaas et al.，2006；Surkan et al.，2007），其剂量反应关系如图 1-10 所示。国内研究显示，儿童血铅水平与 IQ 呈显著的负相关（熊海金等，2000），董兆敏等基于公开发表文献中现有血铅浓度数据对我国 19 个城市的轻度智力发育迟缓（Mild Mental Retardation，MMR）的发生概率进行计算分析，发现不同城市由于铅污染导致的 MMR 发生率为 0.55%～1.15%，平均值为 0.78%（董兆敏等，2011）。据估计，近 80% 的儿童疾病与铅暴露有关，每年因血铅水平超过≥10 μg/dL 导致智力低下的儿童有 60 万例（Prüss-Ustün et al.，2011）。

2. 重金属镉对人体的危害

镉的长期低水平摄入和吸入，可使其在人体肾脏中蓄积，并引发肾损伤和骨质疏松（Faroon et al.，2012）。肾脏是人类（职业人群和一般人群）镉暴露最主要的靶器官，早期不良健康效应表现为近端肾小管上皮细胞损伤导致的尿液中蛋白质排泄增加（Järup et al.，1998），且较低水平的镉暴露也会造成肾损伤（Järup et al.，2004）。骨损伤也是慢性镉暴露的另一重要不良健康效应，其原因可能是肾损伤的继发反应或镉直接作用于骨细胞，有研究显示镉暴露可能改变钙的代谢，进而引发骨质疏松（Järup et al.，1998）。职业环境的镉吸入暴露会增加肺癌的发病率（Taylor et al.，1999；WHO，2007），但尚未有证据显示经口摄入的镉具有致癌性（WHO，2006）。

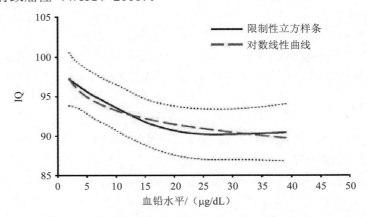

图 1-10　儿童血铅水平与智能的剂量反应关系（Lanphear et al.，2005）

最早关注的镉暴露不良健康效应是镉吸入造成的肺损伤（Nordberg，2004），"二战"之后，日本首次报道了镉暴露引发的骨损伤和蛋白尿，尤其是闻名于世的骨痛病（痛痛病）。继此之后，在许多亚洲国家出现了因摄食镉污染地区生产的大米而导致高镉摄入导致的近端肾小管功能异常的报道（Ikeda et al.，2006；Tsukahara et al.，2003；Zhang et al.，2006）。

（1）肾损伤

镉在肾脏皮质中的蓄积可能通过损害肾脏对蛋白质、葡萄糖和氨基酸的重吸收功能而造成肾损伤（WHO，1992a）。肾损伤早期症状表现为近端肾小管上皮细胞损伤，导致尿液中低分子蛋白增加（Järup et al.，2000）。肾损伤的主要效应标志包括尿β_2-微球蛋白（BM）、尿 N-乙酰基α-D-葡萄糖苷酶（NAG 酶）以及视黄醇结合蛋白（RBP）。肾小管损伤是不可逆转的健康效应（Godt et al.，2006）。尿镉是反映肾脏镉负荷的重要指标，为了排除人体尿液稀释不同造成的影响，常用尿肌酐加以校正。既往数据显示，尿镉含量为 2.5 μg/g 肌酐时，肾小管功能异常的患病率为 4%（Järup et al.，1998）。

（2）骨损伤

镉暴露与低骨矿化密切相关，可增加骨折和骨质疏松，加剧骨痛。骨痛病最早出现在 1940 年的日本，其原因在于居民摄食使用镉污水灌溉的大米导致高水平的镉暴露（Godt et al.，2006）。有关日本富山县的大量研究显示，大多数骨痛病患者是绝经后的妇女，骨质疏松患者（Kazantzis，2004；Nogawa et al.，2004）。骨损伤健康效应往往出现在肾损伤效应之后（Horiguchi et al.，2005）。

（3）肿瘤

USEPA 认为吸入性镉很可能致癌（Taylor et al.，1999；USEPA，1992）。1993 年国际癌症研究协会（IARC）将呼吸吸入镉及其化合物列为人类致癌物（IARC，1993）。一些研究提示人类镉暴露与肾癌（Il'yasova et al.，2005）、前列腺癌（Verougstraete et al.，2003）以及乳腺癌（Julin et al.，2012；McElroy et al.，2006）有关。

（4）镉暴露对人体健康危害敏感人群

镉暴露健康损害的高危人群主要包括四类：a-缺铁妇女、b-营养不良的妇女、c-肾病患者、d-胎儿和儿童。与此同时，吸烟者、高镉含量食物摄食者、涉镉企业（如有色金属冶炼）周边居民也是高风险人群（WHO，2006）。目前，有关儿童和孕妇的研究有限，但一些证据表明孕期高镉暴露会影响孩子的运动能力和认知功能，且学校儿童的尿镉水平与免疫功能下降有关（Schoeters et al.，2006）。有研究显示，孕期镉暴露与早产（Nishijo et al.，2002）、脐带血含镉水平与低出生体重呈正相关关系（Zhang et al.，2004）。

3. 重金属砷对人体的危害

砷被国际癌症研究机构（IARC）划分为人类致癌物（陈保卫，2011）。砷能够损伤皮肤，长期砷暴露可引起皮肤色素高度沉着、色素脱失、高度角质化等，患皮肤癌和其他皮肤病（如角化过度症和色素改变）的风险增大。砷暴露可引发外周血管和心血管疾病、黑足病、高血压、动脉硬化等血管病，增加人们患皮肤癌、肺癌和膀胱癌等癌症的风险，以及导致循环系统疾病等（Scragg，2006）。研究表明，经由饮水暴露砷使得肺癌、膀胱癌、肾癌导致的死亡率上升，并且患病风险随暴露量的增加而增大。对许多国家多种职业人群（如冶炼厂工人、农药生产者、矿工等）的砷吸入暴露的研究一致表明砷暴露导致了肺癌的大量出现。尽管这些人群除了砷之外也暴露于其他的化学物质，但除了砷之外他们之间没有其他共同的因素可以用来解释这一发现。所有的相关研究都证实了随着砷暴露量的增加患肺癌的风险增大，这一结果不能用吸烟来解释（Järup，2003）。

无机砷为剧毒，大量吸入会导致胃肠道疾病、心血管疾病，干扰中枢神经系统，最终导致死亡。幸存者出现骨髓抑制、溶血、肝大、黑变病、多发性神经病以及脑病变等症状。直接摄入无机砷引发末梢血管病，严重者可引发坏疽性变化（Järup，2003）。在极少的亚急性砷中毒事件中，初始阶段中毒者主要表现肠胃反应、白细胞减少、肝部和泌尿系统损伤，随后发生更为严重的周边神经系统病变（Xu et al.，2008）。此外，砷中毒还包括一些非特异性的症状，如反应迟钝、记忆力减退、消化系统问题如腹痛、腹泻、消化不良（Mao et al.，2010；Sun et al.，2006；陈保卫等，2009）。

WHO 指出，经由饮用水的砷暴露与肺癌、肾癌、膀胱癌以及皮肤癌之间具有因果关系。确定暴露—响应关系时应考虑过往暴露评估的不确定性。饮用水中砷的浓度在 100 μg/L 左右时就已经导致癌症的发生，而之前的研究认为，浓度在 50～100 μg/L 时就可能引发皮肤癌。砷暴露与其他健康效应的关系尚不十分明确。较多的证据显示砷暴露会引发高血压和心血管疾病，但对糖尿病及生殖系统的影响还不明晰，尚不能证明对脑血管疾病、神经系统有影响，对肺、膀胱、肾及皮肤以外的其他部位癌症的影响也不能提供充分的证据（WHO，2001）。

4. 重金属铬对人体的危害

由于 Cr^{6+} 的强细胞穿透力和强氧化性，其毒性远高于 Cr^{3+}（Katz et al.，1993）。在细胞内，Cr^{6+} 会还原产生自由基和 Cr^{5+}、Cr^{6+}，并最终转化为 Cr^{3+}（Li et al.，2011；Stearns et al.，1995）。人体可通过多种途径暴露于环境重金属铬，不同暴露途径下产生的健康效应不同。总体而言，呼吸道吸入 Cr^{6+} 的危险性大于消化道摄入（OEHHA，2011）。

①呼吸道吸入：Cr^{3+} 和 Cr^{6+} 化合物的吸入，均可对呼吸道和黏膜造成刺激，其中 Cr^{6+} 化合物与职业性哮喘有关（Zhu，2007），但尚无证据表明 Cr^{3+} 化合物吸入会导致哮喘。呼吸道吸入 Cr^{6+} 是明确的人类致癌物（IARC，1990），Cr^{6+} 职业暴露与肺癌、鼻窦癌、支气管癌的发生有关（De Flora，2000；Katz et al.，1993）。此外，有研究显示职业性吸入 Cr^{6+} 会导致胃、肾和肝损伤，但目前尚未取得一致性结论（Barceloux，1999；Gibb et al.，2000；Wedeen et al.，1991；Zhu，2007）。②有关 Cr^{6+} 的经口暴露是否具有人类致癌性，至今尚未取得一致性的结论（ATSDR，2008；Linos et al.，2011），但许多研究认为经口暴露 Cr^{6+} 具有动物致癌性（Davidson et al.，2004；NTP，2008；Stout et al.，2009）。急性摄入大量的 Cr^{6+} 化合物可能导致恶心、呕吐、胃肠道损害、贫血、肾脏和肝脏衰竭、昏迷甚至死亡（ATSDR，2008）。研究显示，长期慢性饮用被铬铁厂污染的饮水（20 000 μg Cr-VI/L）的人群，出现了口舌生疮、腹泻、胃痛、消化不良、呕吐和白细胞异常等症状（USEPA，1998；J. Zhang et al.，1987）。暴露于城市填埋矿渣的人群出现了肾病早期特征（TMGBS，1987）。③皮肤接触 Cr^{6+} 化物可导致炎症、湿疹和溃疡（Barceloux，1999），一些 Cr^{3+} 和 Cr^{6+} 化合物可通过皮肤吸收造成体内蓄积，并造成过敏性接触（Shelnutt et al.，2007）。此外，Cr^{6+} 化物可能通过胎盘和母乳从母体传递给孩子（Barceloux，1999），导致出生缺陷的发生（Institute，2007），但 Cr^{3+} 并未观察到发育毒性（Organization，2009）。

5. 重金属汞对人体的危害

汞对人体的危害最早被人们认识是日本的"水俣事件"，其原因是甲基汞中毒导致的神经系统疾病（张延，2006）。科学实验证实，人体血液中汞的安全警戒线为 0.1 mg/L，当这一浓度达到 0.5～1 mg/L 时，就会出现明显的汞中毒症状。人们日常饮食摄入新鲜海洋食物会引起极高的饮食汞暴露，诸多研究表明，人们经常食用鱼类或特定种类的鱼会增加甲基汞中毒的危险（安建博等，2007）。

汞中毒可分为急性中毒和慢性中毒两种。急性中毒表现为短期内吸入高浓度汞蒸气，发病急，症状有头痛乏力、失眠多梦、低烧或中度发烧；有明显的口腔炎，表现为口腔金属味，牙龈糜烂、红肿出血、胀痛恶心，伴随腹痛腹泻等；有更为明显的呼吸道症状，如胸痛、呼吸急促，尿汞增高并伴有蛋白尿、肝大等。慢性中毒一般为职业性中毒，症状一般为精神性障碍，表现为易兴奋、汞性震颤、周围神经病等；口腔炎也是慢性汞中毒的症状；部分慢性汞中毒病人有食欲不振、恶心等症状（刘世杰等，2001）。汞的急性毒性靶器官主要是肾，其次是脑、肺、消化道（包括口腔）及皮肤；汞的慢性毒性靶器官主要是脑、消化道及肾脏（王世俊，1994）。

除金属汞外，汞的无机盐类和有机化合物两大类化合物的毒性也很高。汞的无机盐类化合物可解离出汞离子，其毒性与金属汞相近。汞的有机化合物主要用于农药生产，多因人们误食被污染的粮食而进入人体。甲基汞和有机汞均为脂溶性，这就使得汞在进入人体后，可以长期滞留并且累积（张娟等，2010）。有机汞中的烷基汞类不易分解，且易透过血脑屏障以原形在脑内长期蓄积不易排出，故可引起中枢神经系统明显损害。此外还可透过胎盘屏障造成胎儿中毒，后果比金属汞严重（王世俊，1994）。

六、人体暴露于重金属的主要健康效应诊断方法

1. 人体暴露于环境金属铅的主要健康效应诊断

铅中毒主要表现为亚临床疾病，常见的临床症状包括腹痛、便秘、贫血以及非特异性的神经功能特征，如注意力不集中或语言能力低下。铅中毒主要表现为胃肠道和神经系统症状。胃肠道症状和铅暴露史常作为铅中毒的诊断依据。复发性或间歇性腹痛，呕吐和便秘等绞痛综合征诊断为疑似铅中毒。儿童血铅水平小于 20 µg/dL 时，可能表现出胃肠道症状，但当儿童血铅水平大于等于 50 µg/dL 时，胃肠道症状更为常见。儿童血铅水平为 20～50 µg/dL 时，常会表现出注意力不集中，语言迟缓等神经效应。但儿童血铅水平大于100 µg/dL 时，可能表现出脑病的症状，包括因神经行为缺陷而影响正常的社会交往、心理活动剧变、共济失调、抽搐甚至昏迷等。这些患者的医学体检可能出现颅内压增加、牙龈铅线、共济失调，抽搐和昏迷。长期暴露的儿童可能无法表现出预期症状，但永久损坏的可能性，特别是神经性，依然存在。在这些患者的医学体检可出现包括颅内压增高、牙龈铅线、局灶性神经功能障碍等迹象。但上述临床症状尚不足以判定其暴露于铅，故血铅水平的检测常用以诊断人体近期是否暴露于铅，也是铅暴露健康效应初步筛查的主要方法（Markowitz，2000）。铅中毒的临床症状、检查以及实验室检测方法总结如表所示。此外，利用 X-射线可检测长期铅暴露在牙齿和骨骼中的蓄积量，但此方法难以大范围推广应用。血铅是最常用的衡量机体铅负荷以及吸收情况的指标，也是现有铅中毒标准的主要指标。1991 年，美国国家疾病控制中心（CDC）将血铅水平超过或等于 100 µg/L，无论是否有相应的临床症状、体征及其他血液生化变化即可诊断为铅中毒，并且把儿童的血铅水平分为五级，用以表示不同的铅负荷状态，如表 1-3 所示。2012 年，美国 CDC 进一步提出将全国儿童人口血铅水平最高的前 2.5%的儿童（目前血铅水平约为 50 µg/L）作为敏感人群，尽快采取改进和治疗措施。

表 1-3   儿童血铅诊断和分级标准

血铅等级	血铅水平/（µg/L）	临床症状
Ⅰ 级	<100	相对安全（但已具胎儿毒性，易使孕妇流产、早产，胎儿宫内发育迟缓）
Ⅱ 级	100～199	可影响神经传导速度和认知能力，使儿童易出现头晕、烦躁、注意力涣散、多动
Ⅲ 级	200～449	可引起缺钙、缺锌、缺铁，生长发育迟缓，免疫力低下，运动不协调，视力和听力损害，反应迟钝，智商下降，厌食、异食，贫血，腹痛等
Ⅳ 级	450～699	可出现性格改变，易激惹，攻击性行为，学习困难，腹绞痛，高血压，心律失常和运动失调等
Ⅴ 级	≥700 µg	可导致多脏器损害，铅性脑病，瘫痪，昏迷甚至死亡

注：对于 60 µg/L 以下铅中毒儿童，以预防为主。Ⅱ～Ⅲ级必须在医生指导下以国家认定驱铅食品做驱铅治疗，才能使铅中毒儿童尽快康复。Ⅳ～Ⅴ级应在 48 小时内复查血铅，如获证实，应立即予以驱铅治疗，同时进行染铅原因的追查与干预。

肾脏是铅毒性作用的主要靶器官，如能排除肾外因素，尿蛋白增高则是肾损害的重要标志，其含量与持续程度可判断肾损害的严重性，因铅对肾脏损害的主要靶位在肾小管，故低分子蛋白尿的测定应作为工作的重点，通常把低相对分子质量的蛋白如β2-MG作为肾小管早期损害的指标。卟啉代谢障碍是铅中毒早期变化之一，铅对血液系统的作用是由于抑制卟啉代谢过程所必需的一系列酶，导致血红蛋白合成障碍。红细胞游离原卟啉（FEP）增加与红细胞内的锌结合，形成锌原卟啉（ZPP），由于血红蛋白代谢障碍，导致红细胞代偿性增加。因此，ZPP和FEP均可作为肾损害的标志。

2. 人体暴露于环境重金属镉的主要健康效应诊断

尿镉和血镉常用于表征人体对重金属镉暴露的生物标志物，其中血镉反映了当前或近期的镉暴露水平，或当人体镉暴露时间较短、在肾脏蓄积水平较低时用此指标反映人体对镉的体内负荷（Järup et al.，1998；Lauwerys et al.，1994）。尿镉则是反映镉在人体内的负荷或在肾脏镉含量的标志物，可表征反映人体对镉的长期暴露效应。一般情况下常用尿镉水平除以尿肌酐修正人体尿液稀释的变异。尿镉是应用最为广泛的生物标志物。

镉蓄积于肾脏皮质可损害肾脏对蛋白质、葡萄糖和氨基酸等物质的重吸收功能，进而造成肾损伤。其早期症状表现为近端肾小管上皮细胞受损，阻碍对尿液中低分子蛋白的吸收，进而出现蛋白尿。例如，因肾小管的重吸收作用和肾小球的过滤作用受损，β_2-微球蛋白、视黄醇结合蛋白（RBP）以及α_1-微球蛋白等低分子蛋白随尿液排出，与此同时，肾皮质中的酶，如N-乙酰基α-D-葡萄糖苷酶（NAG酶）也会排泄进入尿液（Aitio，2007；Bernard，2004）。

研究显示，高血镉人群尿液中β_2-微球蛋白和视黄醇结合蛋白水平显著高于正常人群（Jin et al.，2002），人体尿镉水平与β_2-微球蛋白和NAG酶呈正相关关系（Jin et al.，1999；Nordberg et al.，2002）。据显示，数据显示，尿镉水平达2.5 μg/g肌酐时，肾小管功能异常的患病率为4%，这一尿镉水平相当于肾皮质中镉的浓度为50 μg/g，等同于人每天的镉摄入量为50 μg/d（Järup et al.，1998）。日均镉摄入水平每增加30 μg/d，人群肾小管功能异常的发生率将增加1%，但在一些诸如缺铁性妇女等高危人群中，人群肾小管功能异常的发生率将增至5%。然而，也有研究显示，低镉摄入人群发生肾小管异常，如在日均镉摄入水平仅为15 μg/d的吸烟、缺铁女性中也观察到了肾功能异常的现象（Järup et al.，1998）。镉暴露导致的肾小管损伤被认为是不可逆转的（Godt et al.，2006）。

1992年，WHO将10 μg/g肌酐作为尿镉的临界值，当尿镉水平处于10 μg/g肌酐时，各种早期效应均会出现，但当尿镉低于这一水平时就不会发生肾损伤。我国《职业性镉中毒诊断标准GBZ17—2002》针对职业暴露制定了职业人群镉中毒的诊断及分级标准，如表1-4所示（GBZ17，2002）。

此外，针对一般人群，我国制定并颁布了《环境镉污染健康危害区判定标准（GB/T 17221—1998）》，分别从个人和群体的角度制定了综合考虑尿镉、尿-β_2-微球蛋白以及尿-NAG酶的健康危害判定标准（表1-5）。就个体而言，三项健康危害指标同时达到判定值的个体，应确认为镉污染所致慢性早期健康危害的个体，并列为追踪观察对象；从群体而言，三项健康危害指标同时达到判定值的受检者例数占受检总人数的联合反应率达到判定值的10%，应确认该区域镉污染已对当地定居人群造成了慢性早期健康损害（GB/T 17221—1998）。

表 1-4　职业性镉中毒诊断标准（GBZ 17—2002）

	轻度	中度
慢性中毒	除尿镉增高（大于 5 μmol/mol 肌酐）外，可有头晕、乏力、嗅觉障碍、腰背及肢体痛等症状，或实验室检查发现有以下任何一项改变 尿β2-微球蛋白含量在 9.6 μmol/mol 肌酐（1 000 μg/g 肌酐）以上 尿视黄醇结合蛋白含量在 5.1 μmol/mol 肌酐（1 000 μg/g 肌酐）以上	除慢性轻度中毒的表现外，出现慢性肾功能不全，可伴有骨质疏松症、骨质软化症
急性中度	短时间内吸入高浓度氧化镉烟尘，在数小时或 1 天后出现咳嗽、咳痰、胸闷等，两肺呼吸音粗糙，或可有散在的干、湿音，胸部 X 射线表现为肺纹理增多、增粗、延伸，符合急性气管—支气管炎或急性支气管周围炎	具有下列表现之一者： A-急性肺泡性肺水肿 B-急性呼吸窘迫综合征 或 a-急性肺炎 b-急性间质性肺水肿

表 1-5　镉暴露健康效应判定指标及其联合反应率的判定值

健康危害判定指标	判定值	单位
尿镉	15	μg/g 肌酐
尿-β2-微球蛋白	1 000	μg/g 肌酐
尿-NAG 酶	17	U/g 肌酐
联合反应率	10	%

3．人体暴露于环境类金属砷的主要健康效应诊断

2001 年，卫生部颁布了《地方性砷中毒诊断标准》（WS/T 211—2001），用以判定居民长期暴露于因地球化学性原因导致饮水含砷过高或燃用含砷过高的煤造成室内空气污染或/和食物污染的环境，导致以皮肤病变为特征的慢性砷中毒。掌跖皮肤角化为地方性砷中毒病人中最常发生的病变，其典型表现很容易和其他疾病引起的皮肤病变相鉴别，在病区大约 85%的病例依此可作出诊断。除皮肤病变外，地方性砷中毒病人还有可能存在中枢神经系统、周围神经、消化系统、循环系统等非特异性中毒症状或体征，尿砷或发砷是反映人体砷负荷的接触指标。

目前，血液、尿液、头发、指甲及唾液中的砷已经被用作砷暴露的生物标志物（陈保卫等，2009）。砷在血液中的浓度一般较低，半衰期短，而且血液基质复杂，含有大量的细胞和蛋白，这些都提高了血砷的分析难度，特别对于血液中砷的形态分析。但是，血砷能反映近期高剂量和长期某种固定方式的砷暴露（陈保卫和 Chris，2011）。唾液的主要成分是水，采样方式温和简便，是合适的砷暴露生物标志物，但相关的研究并不多。有研究认为唾液中的砷浓度与个体砷暴露程度相关，并且唾液中砷含量与地域性的皮肤病高发病

率显著相关（Yuan et al.，2008）。头发和指甲便于收集、储存和运输，且砷胆碱不会在头发和指甲中积累，消除了砷胆碱对调查结果的干扰（陈保卫和 Chris，2011）。在避免受到外来砷污染的前提下，头发和指甲中的砷浓度能够指示人体过去一段时间的砷暴露情况（Järup，2003）。尿砷的半衰期比血砷更长，且采样简单方便，基质干扰小，因此尿液中的砷形态是最常用的砷暴露生物标志物。但某些海产食品可能会影响无机砷暴露量的评估，因此应避免在尿液取样前食用海产食品（WHO，2001）。此外，除了测定尿样中砷的浓度外，还可通过测定尿样中与砷的代谢相关的生理生化指标来指示是否砷中毒或具体判定受到何种类型的损伤。砷可以影响人体内亚铁血红素的生物合成，因此人体尿样中卟啉的浓度可以作为砷的生物标志物（Ng et al.，2005）。丙二醛是脂质过氧化作用的副产物，因此，尿样中丙二醛浓度可以指示砷引起的氧化应激程度（Wang et al.，2009）。尿样中的脱氧尿苷（8-hydroxy-2-deoxyguanosine. 8-OHdG）可以指示砷引起的 DNA 氧化损伤（Li et al.，2008；Xu et al.，2008）。

4. 人体暴露于环境金属铬的主要健康效应诊断

Cr^{3+} 是维持人体正常糖代谢必不可少的必需元素，铬缺乏症包括糖耐量受损，出现尿糖、空腹高血糖等症状，以及增高循环胰岛素和胰高血糖素等，但这些症状在补充铬后可得到缓解。男性和女性每天 Cr^{3+} 的适宜摄入量为 0.035 mg 和 0.025 mg（FDA，1991），每日允许摄入量为 0.12 mg（FDA，2001）。

由于 Cr^{3+} 是人类必需元素，可通过膳食摄取，故一般而言人体中有一定水平的负荷。人体铬的负荷可通过头发、尿液以及血液等生物材料检测（Wilbur，2000）。但生物材料中的铬含量高于正常值时，可确定人体暴露于铬，但这并不足以判定相关的健康效应就必然发生。铬暴露可导致呼吸道、胃肠道、血液以及免疫等多系统的损伤，然而这些不良健康效益并非为镉暴露的特征疾病。研究显示，铬暴露可造成肾功能损伤，增加尿液中的低分子量蛋白，如视黄醇结合蛋白、抗原、$β_2$-微球蛋白等（Lindberg et al.，1983；Liu et al.，1998；Mutti et al.，1985）。细胞学研究显示铬暴露可通过与 DNA 结合形成加合物，产生基因毒性甚至癌症，但尚未取得一致性结论（Wilbur，2012）。也有学者利用免疫功能测定法检测人体的铬暴露（Snyder et.al，1996）。

5. 人体暴露于环境金属汞健康的主要效应诊断

尿中的汞含量主要与汞的无机化合物的暴露量有关（WHO，1991），可作为慢性汞中毒体内剂量的良好标记物。对职业性汞暴露人员，世界卫生组织推荐的最大允许尿汞含量为 50 μg/g 肌酐（WHO，1991），一般人群尿汞应低于 5 μg/g 肌酐（Veiga et al.，2004）。而头发和血液中的汞含量则可用于确定甲基汞的暴露量。许多研究将人体组织、血液、尿液以及血浆中的汞含量与牙齿中的汞合金填充物或汞合金表面联系起来（WHO，1991）。血液反映最近 1~2 个半衰期的暴露量（冯新斌等，2013），而头发中的汞含量可用来评估长期的暴露量，但潜在的污染有可能使这一数据的准确性受到影响（Järup，2003）。一般而言，普通人群发汞含量低于 1 μg/g，血汞含量低于 5.8 μg/L（Hassett-Sipple et al.，1997）。

第二章 重金属污染环境健康风险分区方法

一、重金属环境健康风险分区理论基础

1. 相关基本概念

（1）风险

风险（Risk）一般指遭受损失、损伤或毁坏的可能性，被定义为一个确定有危害事件发生的概率和频率的组合以及造成后果的严重程度（Calabrese et al.，1993；Megill，1984）。它存在于人的一切活动中，不同的活动会带来不同性质的风险，如经常遇到的灾害风险、事故风险、金融风险、环境风险等（毛小苓等，2005）。

（2）环境健康风险评价

环境健康风险评价（Environmental health risk assessment，EHRA）有广义和狭义两个层面的概念，广义的环境健康风险评价包括人体健康风险评价和生态系统健康风险评价，狭义上仅指人体健康风险评价，即基于污染物在环境介质中的迁移和通过水、陆生动植物链的聚集、转移以及居民生活习性等参数，计算出人体对污染物的摄入量和污染物对人体产生的有效剂量，再进一步求出这些物质对人体产生的健康危害，其中健康危害对个体而言指发生等效死亡（如死亡、癌症及其他后果严重的疾病等）的概率，对群体而言是指该群体发生等效死亡的人数。本书的重金属环境健康风险评价选取狭义环境健康风险评价。

（3）区划

区划既是一种划分又是一种合并。区划的概念最早是由地理学派奠基人 Hettner 在 19 世纪初提出的，他指出区划是对整体的不断分解，这些部分是在空间上互相连接，类型上分散分布的（Cherrett 等 1989）。此外，还有学者指出区划是以地域分异规律学说理论为基础，以地理空间为对象，按区划要素的空间分布特征，将研究目标划分为具有多级结构的区域单元（傅伯杰等，2001）。Varnes（1984）指出区划的任务就是根据目的，一方面将地理空间划分为不同的区域保持各区域单元特征的相对一致性和区域间的差异；另一方面又要按区域内部的差异划分具有不同特征的次级区域，从而形成反映区划要素空间分异规律的区域等级系统。

环境区划根据区划依据或方法的不同分为三类：①按环境自然属性分区——环境类型区划；②按环境满足人类生产生活需求的功能分区——环境功能区划；③遵循一定的原则，对环境系统各要素进行综合评价，进而实现某种区划目的的分区——环境评价区划（图 2-1）。

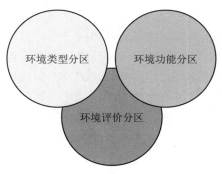

图 2-1　区域环境区划类型

（4）环境健康风险区划

环境健康风险区划是依据环境健康风险在时间上的演替和空间上的分布规律，对其进行区域差异性和一致性的划分，且区划单元满足单元内相似性最大而单元间差异性最大的特点，并确定各环境风险区划单元之间的等级从属关系。环境健康风险区划属于环境评价区划的范畴，但环境类型区划和环境功能区划的原则以及区划方法可提供参考借鉴。

2．区域环境风险区划研究

环境风险区划是在区域风险特征分析的基础上开展的。最初的环境风险研究起源于二十世纪三四十年代人类对自然灾害的认识、评估及防治，但直至 1973 年，美国核能管理委员会（NCR）才首次提出了环境风险的概念。随着重大工业污染事故（如切尔诺贝利事故，莱茵河农药泄漏事故）的不断发生，不仅严重污染局部环境，危害当地人群的身体健康，造成巨大的社会经济损失，同时还引起区域甚至于国际间的环境纠纷，引发各国和有关组织对区域环境风险的重视。

国外学者对区域环境风险的理论和方法进行了大量的探索和研究，并提出了区域环境风险评价概念框架。James（1990）系统地阐述了区域环境风险研究的框架；Petts 等（1997）论述了大尺度工业区风险评价的方法；Dobbins 等（2003）等以密西西比河下游某河段为研究对象，通过定位、监测、模拟等技术建立了区域环境风险数据库，依此作为区域环境风险分析的基础数据，为政府环境的宏观风险管理提供科学依据；Arunraj 和 Maiti（2009）以印第安东部工业区为例，构建的风险模型对突发环境事件风险后果进行分析，并提出基于后果分析的区域环境风险评价概念框架。

相较于国外，我国区域环境风险研究起步较晚，且以介绍和应用国外研究成果为主，随着我国区域经济快速发展，危险源和危险物质日益增多，区域突发性环境风险广受关注。曹希寿（1994）探讨了区域环境风险水平表征、识别方法及四个开展区域环境风险评价与管理的主要问题；毕军等（1994）应用"风险频数"及相关指标对沈阳地区过去 30 年环境风险的时空格局进行了分析；胡二邦等（2000）对流域污染事故风险评价理论作了梳理和归纳，提出了包含危害识别、事故频率和后果估算、风险计算以及风险减缓四个阶段的风险评价体系；石剑荣（2005）推导了一套危险源鉴别、特征等浓度线确定、事故特征危害区与危险期估算等方面的区域环境风险分析模型；毕军和杨洁（2006）提出了区域环境风险系统理论，指出应根据风险系统的特征确定评价指标体系，在对各单因子分级评分的基础上，通过直接叠加或加权叠加对区域环境风险进行评价；并将结果空间表达，实现区域环境风险区划；黄圣彪等（2007）指出如何甄别环境中需要重点管理的风险污染物及其优先序是了解区域环境风险的基础；徐琳瑜（2007）将信息扩散法用于区域环境风险评价的研究中，并对该区域的风险值进行聚类得到区域环境风险空间区划图，并在分析区域环境风险评价工作现状及存在问题的基础上，提出了适用于区域环境风险评价的程序和方法（王静等，2009）；曲常胜等（2010）为评估省级区域范围内环境风险状况，构建了由危险性指标和脆弱性指标两大类指标组成的区域环境风险综合评价指标体系，引入时序加权平均算子对区域环境风险进行评价，依据评价结果将区域划分为高、中、低风险区。

总体而言，区域环境风险具有风险源复杂多样，危险化学物质污染特征繁多，且风险因子释放后，在介质传播过程中呈现多途径、多敏感目标的特点。这些特点使目前的区域环境风险分析研究大都集中在对评价模型、指标体系，风险影响对象等方面的探讨，环境风险区划是区域环境风险研究的一个新方向，是未来实施风险管理的重要手段。

（1）区域环境风险分析理论

环境风险分析是风险区划的基础工作，但目前有关风险的定义尚未达成共识：一方面是强调风险的不确定性；另一方面强调风险损失的不确定性，其量化表达方法仍在探索中。在既有的风险分析中，主要从风险发生学角度出发，认为风险（risk.R）是风险源的危险性（hazard.H）和人群脆弱性（vulnerability.V）的综合作用结果，但二者与风险函数关系是相加或相乘并未取得共识。

1992 年联合国人道主义事务部公布了自然灾害风险的定义，即风险是在一定区域和时间范围内，因特定的自然灾害而引起的人民生命财产和经济活动的预期损失值，并提出风险表达式：

$$风险（R）= 危险性（H）× 脆弱性（V） \tag{2-1}$$

Shook（1997）对风险表达式中危险度和脆弱性之间采用相乘，而非相加的关系表达进行了解释，认为当某一区域存在一定程度的易损性，但当该区域内没有污染源分布时（区域风险源的危险度为 0），二者相加会产生一个大于 0 的风险值——即该区仍可能遭受到自然灾害导致的损失，存在灾害风险，这显然是不合理的。

此后，一些研究认为风险（risk.R）还受到环境抵抗力的影响（coping capacity.C），其函数关系式为：

$$风险（R）= \frac{危险性（H）× 脆弱性（V）}{环境抵抗力（C）} \tag{2-2}$$

2005 年英国减灾研究中心的 White 等在一项提交给联合国开发计划署（UNDP）的报告中提出，脆弱性可利用暴露（exposure.E）、受体易损性（susceptibility.S）和环境抵抗力（coping capacity.C）联合表征，数学表达式为：

$$脆弱性（V）= \frac{暴露（E）× 易损性（S）}{环境抵抗力（C）} \tag{2-3}$$

Dilley 等（2005）以及其他一些学者认为风险可表述为危险性、暴露以及脆弱性的联合作用，并发展应用于区域环境风险分析（Agostini et al.，2012；Coburn et al.，1991；Turner et al.，2003；Zabeo et al.，2011；兰冬东等，2009），关系式为：

$$风险（R）=危险性（H）\times 暴露（E）\times 脆弱性（V）\qquad(2-4)$$

基于上述环境风险分析理论，提出区域环境风险是风险源危险性、暴露有效性以及受体易损性以及环境抵抗力四个维度要素综合作用的结果，其函数表达式归纳为：

$$风险（R）=\frac{危险性（H）\times 暴露（E）\times 易损性（S）}{环境抵抗力（C）}\qquad(2-5)$$

式中，R——区域环境风险，无量纲；

　　H——风险源或污染源的危险性，无量纲；

　　E——风险传递的有效性，无量纲；

　　V——风险受体的易损性，无量纲；

　　C——区域环境抵抗力，无量纲。

（2）环境风险分区方法及实践

基于上述风险与特征要素的辩证关系，开展了一系列的研究实践。Kuchuk 等（1998）应用欧洲环境与健康地理信息系统显示暴露的人群健康的类型与趋势，并依此将人群健康风险进行了空间上归类和划分，用于指导与健康有关的决策；Gupta（2002）构建了环境风险制图法，并把环境风险区划和土地发展适宜性分析结合起来，环境风险区划图可用来指导当地产业发展规划，但该环境风险区划方法没有考虑周边居民等受体的脆弱性；Merad 等（2004）在考虑专家意见、定量与定性标准以及方法的不确定性的基础上，提出了基于多目标决策支持的风险分区方法 ELECTRE TRI，并将该方法应用在法国的 Lorraine 地区，按照将不同风险等级将区域进行风险区的划分。

然而，相较于国外的广泛应用，国内的风险区划研究起步较晚，且多停留于区域理论和指标体系研究，认为环境风险区划是依据风险分布的区域分异，对区域间和区域内各亚区之间环境风险相对大小排序的过程（毕军等，2006），其基本做法是在对区域多个风险因素综合评价的基础上，获取区域环境风险综合指数，编制风险分布图，据此确定环境风险管理的优先序。徐琳瑜（2007）运用信息扩散法对环境风险进行评价，并在一定风险分级标准等级下，对风险进行聚类，得到了广州南沙工业园园区的风险分区，并为当地政府部门的产业布局、制定风险防控措施提供了依据；兰冬东等（2009）通过建立环境风险分区指标体系，提出了环境风险量化模型，并将上海市闵行区划分为高、中、低、较低四个风险区；曾维华等（2013）在借鉴自然灾害区划方法的基础上，提出了多尺度（园区尺度、城市尺度以及流域尺度）突发性环境污染事故的风险区划原则、指标体系和区划模型，并实现了南京化学工业园区突发环境风险、上海市突发环境污染事故风险以及长江三角洲流域环境风险的区划。

综上所述，当前环境风险区划研究与实践主要针对突发性环境污染事故风险开展，根据能反映各方面要素特征的综合评价结果划分不同的风险类型区，其基本流程可概括为：①基于环境风险系统理论，按风险发生学原则将区域环境风险系统划分为不同要素子系统（环境风险源、风险受体等），确定风险分析的准则；②分析区域环境风险系统内各要素子系统的影响因素，选取表征指标对其进行量化，并构建相应的量化模型，计算风险源、风险受体的强度指数；③确定区划基本单元，并计算每个区划单元环境风险指数，并根据这些指数进行聚类分析并利用地理信息系统（GIS）进行空间表达。④选择典型案例区，开展环境风险区划研究，以对区划模型和方法进行验证和解释（图2-2）。

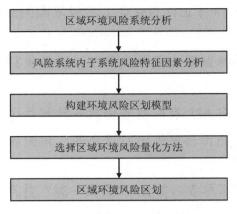

图2-2　环境风险区划基本流程

3. 重金属环境健康风险区划研究进展

重金属是导致我国环境污染健康损害事件发生的主要环境致害物，成害原因主要涉及有色金属矿业采选、冶炼、利用及回收过程中，对企业持续性排放废气、废水或废渣处置不当。

重金属污染环境健康风险评价已成为当前学术界关注的热点问题，相关研究涉及对重金属污染的源解析（Shan et al.，2006；Duzgoren-Aydin，2007；Eades et al.，2002）、不同环境介质中重金属的时空分布特征（刘冬梅，2011；常元勋，2008；齐俊法，2 010 a；李斌，2011；魏复盛，1991；Ettler et al.，2004；Hou et al.，2006）、重金属暴露评价（邹晓锦等，2008；Khan et al.，2008；Song et al.，2009；Wu et al.，2010；Zheng et al.，2010；Manton et al.，2000）以及健康效应评价等，但既往研究较少从区域尺度上开展重金属环境与健康风险分区与分级研究。我国于2010年完成的《重金属综合防治"十二五"规划》中，主要根据污染源分布和人群特征，对重金属进行分区分类管理，并划定了重点防控区、行业和企业。

既往研究显示，重金属污染具有明显的区域聚集性，这为重金属环境与健康风险分区管理奠定了基础。重金属污染物具有累积性，在环境风险场中，很难降解，相关不良健康效应的形成往往是慢性长期暴露的结果，因此针对突发性环境污染事故风险系统开发的风险区划方法体系并不完全适用，但考虑到共性的风险形成过程，重金属环境与健康风险分析时可借鉴事故风险区划基本思路。重金属污染自排放传递到受体的过程，受区域自然和社会两大环境因素的影响，"有效"风险不同，因此，仅根据污染源区域分布和人群划定重点防控区可能存在一定的偏颇。因此，借鉴既有风险分区思路与方法，结合大量研究已探讨了大气、土壤、水、等环境介质重金属污染的来源及迁移途径，以及相关的健康损害特征，开展构建了重金属环境健康风险分区技术方法。

二、重金属环境健康风险区划原则研究

风险区划原则是进行风险区划的基础，是遴选风险区划指标、构建指标体系的基本依据。风险区划的目的是为风险管理服务，因此风险区划的原则的确定不仅要具备科学性，还要兼顾区域结果在风险管理体系中的可操作性。重金属环境与健康风险区划的科学性是指风险评价与分析过程中要综合考虑风险系统中各部分的要素特征；可操作性指风险区划方法和结果在服务于风险管理的过程中具有现实可操作性，风险区划指标相关参数具有可获得性。

1. 既有环境分区原则

既往环境分区实践中，均提出了适用于各自特征的分区原则：程传康等将综合自然区划原则归纳为"从源、从众、从主"原则，提出综合自然区划由发生统一性原则、相对一致性原则和区域共轭性原则三个一般性原则以及综合性原则、主导因素原则两个基本原则组成；在"十一五"规划纲要推进形成的主体功能区划中遵循五大基本原则：国土部分覆盖的原则，基本依托行政区的原则，自上而下、上下互动的原则，科学性和可行性并重的原则以及动态调整原则；在生态功能区划实践中，则提出要遵循可持续发展原则、发生学原则与主导性原则、前瞻性原则、区域相关性原则、相对一致性原则和区域共轭原则；在环境评价分区领域，自然灾害综合区划遵循主导因素原则、综合性原则、发生一致性原则和地域共轭原则四项原则，而环境污染突发性事故风险区划遵循系统性、主导性、动态性和一致性四项原则。基于上述工作基础，近年有学者在借鉴上述区划研究与实践经验的基础上，综合性地提出环境管理分区应遵循以下七大原则：①面向未来的原则；②发生学原则；③地区分异原则；④区域共轭原则；⑤主导因素原则；⑥行政区完整性原则；⑦尊重历史原则。

比较发现，即便分区类型不同，但区划原则大同小异，其中主导性原则、一致性原则和发生学原则或系统性原则是分区工作的共性原则，如表 2-1 所示。此外，伴随经济发展，区域产业布局、城市发展均会随之改变，因此动态性原则和面向未来的原则，对风险预防尤为重要。

2. 重金属环境健康风险分区原则

根据相似性原理，将既往分区研究的共性原则确定为重金属环境健康风险分区的一般原则：首先，从合理性的角度出发，综合考虑风险发出者——"源"和风险承受者——"人"及影响风险在二者间的传递因素，提出应遵循系统性原则；其次，从风险管理可操作性的角度出发，考虑现行管理体制下，重金属污染综合法治相关行政资源配置以及风险管理工作绩效考核等内容都是依托既有的行政区划开展的，因此提出不打破行政区划原则，这与既往分区中的一致性原则和保证行政区完整性原则具有异曲同工之效；再次，由于"源—暴露—人"是一个错综复杂的巨系统，其涉重污染源的行业类型、规模、排污情况各不相同，在风险区划时无法全面考虑，因此遵循主导性原则对区域风险特征进行综合分析。

表 2-1　环境区划原则汇总

分区类型\n区划原则	环境类型区划\n环境自然综合区划	环境功能区划\n主体功能区划	环境功能区划\n生态功能区划	环境评价区划\n自然灾害风险区划	环境评价区划\n突发性污染事故风险区划	环境管理区划
发生统一性原则	☑		☑（发生学原则）			☑（发生学原则）
相对一致性原则	☑		☑	☑	☑	
区域共轭性原则	☑		☑	☑		☑
综合性原则	☑			☑	☑	
主导因素原则	☑		☑	☑	☑	☑
国土部分覆盖的原则		☑				
基本依托行政区的原则		☑				☑（行政区完整原则）
自上而下、上下互动的原则		☑				
科学性和可行性并重的原则		☑				
动态调整原则		☑			☑	
可持续发展原则			☑			
区域相关性原则			☑			
面向未来的原则			☑（前瞻性原则）			☑
地区分异原则						☑
尊重历史原则						☑

（1）系统性原则

借鉴既往环境地理分区和环境管理分区中提出的发生学原则，在进行区域环境健康风险区划时，应综合考虑区域环境风险系统中的各组成部分（风险源、控制机制和风险受体）的不同要素，因此从以"人体健康为本"环境管理理念出发，提出综合考虑风险发出者——"源"和风险接受者——"人"的系统性原则，究其原因在于在一个区域环境风险系统内，若不存在风险源，则系统环境风险为 0，反之，若系统内没有风险受体（人群），则风险源导致的潜在风险不可能对人群产生健康影响，综合风险也为 0。但在"源—人"共存的情况下，人群面临的有效风险受暴露效率的影响。因此，在基于风险评价的风险分区中，需要综合分析区域风险源的特征、暴露特征以及人群敏感性特征。

（2）不打破行政区划原则

风险区划的目的是服务于风险管理，而环境与健康风险管理行政资源的配置以及风险管理工作的绩效考核都必须基于现有的行政区划体系执行和落实，因此环境与健康风险区划要求保证行政区完整性，即保证风险区的界限与行政区界限一致，以保障环境与健康管理计划制定和实施的可行性；在同一风险区内采取相同或相近的风险管理对策，进而提高风险管理的针对性和有效性。

（3）主导性原则

重金属污染来源不仅涉及采矿、金属冶炼、炼钢工业燃煤等生产型污染源，还涉及建筑扬尘、机动车燃油、水泥生产等生活型燃煤，且相关企业参差不齐。例如，我国关于涉铅企业铅污染导致健康损害问题的案例调研报告显示，我国铅行业"小、散、差"的特点显著，在区域风险分析过程中，无法对所有类型、所有规模污染源进行全面分析，因此根据主导性原则对重点源进行分析。

从重金属环境健康风险分区的属性以及风险形成的特殊性，提出重金属环境健康风险分区的特殊性原则：首先，这一分区研究属于环境评价分区的范畴，评价结果是分区的基本依据，因此提出定量与定性相结合原则；其次，考虑重金属环境健康风险的形成过程与突发性环境污染事故风险发生的差异性，从重金属环境污染具有累积性的角度出发，提出兼顾历史性原则，即在环境风险分析时，要考虑历史遗留问题。据此，考虑到风险分区的共性原则和重金属污染环境健康风险形成的特殊性，故认为重金属环境健康风险分区五大原则：系统性原则、主导因素原则、不打破行政区划原则、定性与定量相结合原则和兼顾历史性原则。

三、重金属环境健康风险分区框架及分区单元

环境健康风险分区方法作为一种空间技术，是基于一定的分区单元开展的。环境风险分区的基本单元有多种，可利用下层行政区作为分区单元，可划分区域网格作为分区单元，可采用最小图斑的自然单元作为分区单元，还可以一定的功能区作为分区单元。考虑重金属环境健康风险管理的可行性，并遵循重金属环境健康风险分区的不打破行政区划的原则，利用下层行政区作为分区单元是指导区域环境与健康资源资源配置、环境与健康管理工作绩效考核等日常工作的最佳选择。

考虑到不同区域尺度上，重金属污染环境健康要素的相关信息可及性存在较大的差别，环境健康风险分区包括宏观分区和微观分区两个层面，故采取"基于下级行政区"的原则。在不同的区域尺度上，分区单元存在一定的差别。

1. 宏观分区

在全国、省等较大的区域尺度上，难以准确定位污染源信息（如污染源位置、排放量、企业规模等）以及人群暴露重金属的途径和效率等，因此在风险分区时以评价区域作为一个整体，从区域的角度综合分析重金属污染状况以及区域社会经济发展对环境健康风险的恢复能力，以及区域人群结构本身的脆弱性等风险要素特征，并忽略人群对区域重金属污染暴露效率的差异性。据此，将这类以评价区域为主体，仅考虑风险源源强和区域人群脆弱性两方面要素的风险分区称之为宏观分区。

2. 微观分区

在县域或镇等较小的区域尺度上，一般能准确定位污染源的具体信息。当污染源一定时，可识别出哪些污染源对周边人群的影响大，人群通过哪些途径暴露于污染源排放的重金属，哪些排污企业与周边人群的分布不合理等。因此，针对这一区域尺度的环境健康风

险分区，需在宏观分区的基础上，强化"暴露"对健康效应的影响，以污染源为主体，综合考虑"源—暴露—人"三环节对"有效"风险的影响。据此，将这类以污染源为主体，考虑"源—暴露—人"各风险要素特征的风险分区称之为微观分区。

四、重金属环境健康风险区划指标系研究

1. 重金属环境健康风险表征指标研究基础

目前，我国针对重金属污染场地的风险评估，集中于微观尺度的健康风险调查与分析，其主要思路遵循重金属环境健康风险的形成过程，依据风险评价"四步法"计算风险度。韩天旭等（2012）根据环境健康风险发生的过程，开展了环境铅和镉污染健康风险评价指标体系的研究，提出了铅、镉健康风险评价指标体系框架（图 2-3）。研究显示，生物标志物浓度以及个体可接触环境介质浓度是表征健康风险的重要指标。然而，我国并未开展有关重金属的大规模人群的生物监测，生物标志物浓度难以准确获取，其在管理中的操作性较低。

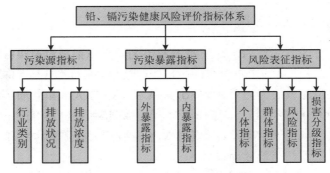

图 2-3　环境铅、镉污染健康风险评价指标体系框架

此外，已相对成熟的自然灾害/环境污染事故风险区划指标体系研究经验可供参考借鉴。国际上关于灾害风险评估指标计划主要有：灾害风险指标计划（DRI）、多发区指标计划（Hotspots）和美洲计划（American Program），均认为灾害死亡风险由灾害暴露、灾害发生的频度和强度以及暴露要素的脆弱性三方面组成（图 2-4）。

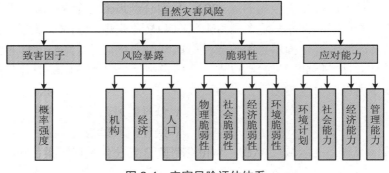

图 2-4　灾害风险评估体系

　　而在突发性环境污染事故风险区划指标体系的构建时，主要考虑了以下方面：风险源的危险性、风险系统控制机制的有效性以及风险受体的易损性，其中风险源的危险性主要通过危险因子状态和源头/过程控制效率指标群表征，风险受体的易损性则由暴露控制和受体恢复力指标群表征（图 2-5）。

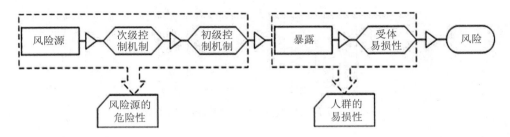

图 2-5　区域环境风险评价维度

　　在风险源的危险性方面，在风险源的表征指标方面，主要涉及风险源释放的危险物质的性质（污染物质的危害性），污染源的密集程度、污染源环保设施对风险的消除控制能力、环境管理体系的预警能力等方面（兰冬东等，2009）、特征污染物质的排放强度（毕军等，2006）和单位面积污染物的负荷量和环境污染事故数量（曲常胜等，2010）等；受体易损性方面，主要考虑风险受体的居住密度、暴露人数比例、居住环境的复杂程度（自然保护区比例等）以及区域公共服务的恢复能力（经济密度）等（兰冬东等，2009）（图 2-6）。

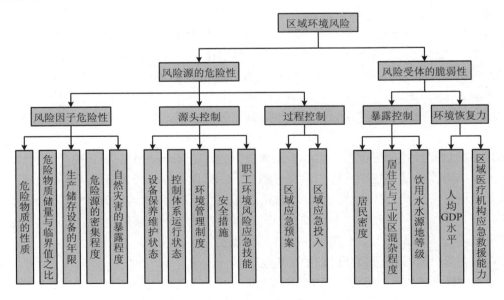

图 2-6　区域环境风险区划指标体系

　　此外，还有学者（Agostini et al.，2012；Zabeo et al.，2011）提出了污染场地区域风险分析指标体系，其中对于人群健康风险评估的指标体系如图 2-7 所示。

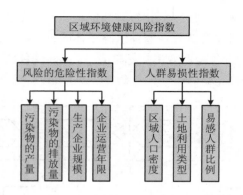

图 2-7　基于污染场地的环境健康风险区划指标体系

总体而言，风险源的危险性仅反映了潜在风险的大小，而区域风险控制机制、环境管理水平等均会削弱有效风险的水平。尤其对于重金属而言，其在环境介质中难以降解，能够长期累积留存于环境介质中，因此基于突发性事故风险理论的突发性环境污染事故风险区划指标体系尚不能直接应用于重金属环境风险分区。然而，在突发性环境风险区划指标体系中考虑了风险控制机制对区域综合风险的影响，提示"有效"风险受区域环境公共服务水平的影响。

2. 重金属环境健康风险表征指标构建

传统的环境风险区划通常侧重于环境介质空间分布、突发事件影响范围、风险源潜在危害强度等方面内容，其或是主观性较强、或仅关注较短时期内的风险状况，单纯的针对环境功能或风险源危害性又缺乏对最终受影响人群的考虑。近年来，环境污染事故日益增多，对人群、社会经济及生态环境等污染事故风险受体进行分析的研究逐渐兴起，各种研究提出的具体指标、方法不同，但区域环境风险取决于风险源的危害性和风险受体的易损性已经成为了共识。随着区域环境风险评价由定性到定量的发展，健康风险评价（Health Risk Assessment，HRA）因其对有害环境因素作用于特定人群的有害健康效应（病、伤、残、出生缺陷、死亡等）进行综合定性与定量评价的过程，对受体风险的评估较为科学准确而得到了广泛的应用。在环境健康风险评价"四步法"中，"暴露"是指人体与环境污染物接触的过程，是使环境污染作用于人体健康的纽带，直接影响到人体对污染物的摄入和吸收，继而影响污染物对人体的最终健康效应；因此，在分析重金属环境健康风险时，不仅要考虑环境介质的污染物水平，同时也应考虑暴露途径与特征对最终风险的影响，因此提出了考虑"源—暴露—人"的综合分区思路，据此在重金属环境与健康风险评估中，需要获取"源—暴露—人"系统中各环节、各要素的基础信息。

（1）重金属环境健康风险区划的准则层

重金属环境健康风险形成与突发性环境污染事故不同，其暴露时间长，暴露相关影响因素在区域间的差异可能导致区域风险存在较大的区别。故在重金属环境健康风险分析时，需在分析其可能暴露途径和介质的基础上，开展区域重金属污染的危险性、区域人群的脆弱性以及环境对风险的抵抗力分析。然而，在微观尺度上，各区域的环境抵抗力相对一致性较高，因此忽略这一特征要素的差异性。不同区域尺度上重金属环境健康风险分区的准则层（表 2-2）。

表 2-2　重金属环境健康风险分区准则层

目标层	准则层	宏观分区	微观分区
重金属环境健康风险指数	污染源的危险性	+	+
	暴露风险可达性	−	+
	区域人群易损性	+	+
	环境风险抵抗力	+	+

（2）重金属污染的危险性指标

风险源的危险性主要取决于排放物质的性质、排放强度以及污控设备的消除能力。而对于重金属污染而言，在剂量—反应关系确定的情况下，风险大小取决于环境污染物浓度。环境污染物浓度一方面取决于区域污染物的排放量，另一方面取决于污染物在区域环境中的迁移转化。重金属污染物经污染源排放后，在迁移转化过程中发生环境削减作用，对人群真正可能造成风险的是人群可接触的环境介质中浓度分布。因此进一步考虑环境迁移转化对污染的削减作用，从合理性角度出发，选用环境介质浓度表征区域涉重污染源危险性，同时考虑区域涉重污染源数量对危险性的影响。

重金属在环境介质中很难降解，具有长期累积性，大气中重金属通过干湿沉降、水体重金属通过沉淀等作用，均可回归到土壤中进行累积，因此选用土壤重金属浓度反映区域累积历史排放的环境健康风险，这一类型的重金属污染主要通过食物链的富集作用经过消化道暴露对人体健康造成影响，故选择土壤重金属浓度与土壤环境质量浓度限值的比值（土壤重金属超标倍数）作为重金属污染对消化道暴露途径的危险性表征指标。此外，废气排放的重金属可通过扩散的方式进入空气环境，通过呼吸道途径暴露对人体健康造成影响，因此选用大气重金属浓度与空气环境质量浓度限值的比值（大气重金属超标倍数）作为重金属污染对呼吸道暴露途径的危险性表征指标。此外，经废水排放的重金属，主要通过饮用水或皮肤接触暴露于人体，但由于皮肤摄入贡献率很低，因此在宏观尺度上，忽略这一途径对人体健康的影响，仅考虑饮用水体重金属超标倍数。

然而，在不同区域尺度上，部分指标在管理操作的可行性不同，例如在宏观层面上难以准确定位含重金属废水对饮用水的影响，但在微观层面上，污染源的信息基本可以准确定位，基本可确定污染源对区域水体的影响。因此，综合考虑指标的合理性和可行性后，形成了如表 2-3 所示的重金属污染的危险性指标体系：

表 2-3　不同区域尺度下源的危险性指标

具体指标	宏观分区	微观分区
大气重金属超标倍数	+	+
土壤重金属超标倍数	+	+
水体重金属超标倍数	−	+
区域涉重污染源数量	+	+
区域重金属污染面积占比	+	−

注：上表具体指标按合理性由高到低排序，宏观分区与微观分区列是考虑指标可行性后的遴选结果；"+"表示选此一指标，"−"表示在这一区域尺度下，该指标不可及。

这一指标体系具备以下三方面的合理性：首先，重金属污染物在环境介质中难以降解，因此利用土壤浓度不仅可反映历史排放的累积效应，还可反映当前排放水平，此外大气重金属的干湿沉降是土壤重金属的主要来源之一，因此利用大气重金属浓度可以反映源危险性的增量。其次，符合风险区划的动态性原则。产业和城市的动态发展，致使污染的分布、排放等处于不断地动态变化中，区域环境介质密度可以反映出区域重金属环境污染存量与增量动态变化的规律。最后，可以规避污染源难以准确定位的弊端。针对重金属污染而言，有源就有排放，但在宏观尺度上，污染源难以准确定位，因此可采用行业统计年鉴等相关统计数据以及既往研究成果，在区域重金属污染情况不清的情况下，利用相关模型预测区域重金属污染浓度分布，可为实施风险管理提供可能；与此同时，随着环境的深入和环境监测体系的完善，以区域重金属污染物浓度为表征指标符合可操作性的原则。

（3）暴露风险可达性指标

人群对重金属的暴露途径参差不齐，在宏观尺度上，由于污染源及暴露途径难以准确定位，且人群中各种途径的暴露均存在，因此忽略暴露环节对风险的影响。在微观尺度上，小区域内人群的暴露途径可能存在较大的差异，因此再去进行风险分析时需强化暴露对有效健康风险的作用。

人群主要通过大气—呼吸道吸入、土壤—膳食—消化道摄入、饮水—消化道摄入以及水体/尘土—皮肤接触摄入几种途径暴露于污染源释放到环境中的重金属。针对大气污染型重金属，居住地离污染源的距离越远，其风险的空间可达性越差，因此结合现实环境管理需求，提出：利用居住地离污染源的距离与卫生防护距离之比表征这一途径的暴露风险可达性；利用居住地离污染源的距离与受污河流长度之比表征废水—饮水/用水途径的暴露风险；利用居民当地自产食物的比例表征土壤—膳食—消化道途径的暴露风险，如表 2-4 所示。

表 2-4 暴露风险可达性指标

暴露途径	具体指标	宏观分区	微观分区
大气—呼吸道	居住地离污染源的距离与卫生防护距离之比	–	+
水体—皮肤/消化道	居住地离污染源的距离与受污河流长度之比	–	+
土壤—膳食—消化道	居民当地自产食物的比例	–	+

注："+"表示选用之一指标，"–"表示在这一区域尺度下，该指标不可及。

（4）区域人群易损性指标

"易损性"一词最早应用于生态风险评价，认为生态脆弱性是在大规模人类经济活动或严重的自然灾害干扰下，生态系统平衡状态的破坏（Alloy et al., 1992）。近年来，随着环境污染事故的日渐增多，针对人群、社会经济系统以及生态环境等污染事故风险受体的分析研究逐渐兴起。毕军等（2006）从饮用水水源地、生态功能区以及人口密度三个方面构建了脆弱性评价指标体系，并对长江（江苏段）沿江的环境风险进行了脆弱性评价，为研究区域环境风险分区管理提供了依据；兰冬冬等（2009）从受体暴露和恢复力两方面构建了环境风险受体脆弱性指标，并根据上海市闵行区环境风险受体评价结果进行风险等级划分，为区域环境风险管理及空间优化布局提供了决策依据。Zabeo 等（2011）根据多标准决策分析法,构建了污染场地区域风险受体易损性评价指标体系,其人群健康易损性考虑了区域人群密度和敏感人群比例两项指标。

人群是重金属环境健康风险的直接受体,因此在对受体的脆弱性进行表征时,主要考虑高危人群(易感人群)的分布特征。因此,利用区域受重金属污染影响人群比例、区域人口密度和易感人群比例表征区域人口的脆弱性是合理的。然而,在微观尺度,由于区域受重金属污染影响人群比例难以获得,区域人群结构的同质性较大,易感人群比例的变异较小,因此仅考虑区域暴露人群的分布特征,如表 2-5 所示。

表 2-5　不同区域尺度人群易损性指标

具体指标	宏观分区	微观分区
区域受重金属污染影响人群比例	+	−
区域人口密度	+	+
易感人群比例	+	−

注:"+"表示选用之一指标,"−"表示在这一区域尺度下,该指标不可及。

(5)重金属污染区域环境恢复力指标

区域经济和社会发展对重金属暴露有效风险密切相关,居民的收入水平会影响其饮食结构、居住条件乃至卫生习惯,卫生、环境等公共服务水平也会直接关系到人群与污染物接触的概率和程度,这些都对暴露渠道及其效率有直接的影响,这种影响甚至可能完全抵消污染源的影响(如我国最发达的城市的空气质量较差,但其平均期望寿命却是全国最高的)。因此,考虑区域环境对风险的抵抗能力,涉及的指标包括区域经济(人均 GDP)和政府环境保护投入水平(人均环境保护财政投入)和政府医疗卫生投入水平(人均医疗卫生投入),如图 2-6 所示。然而,在微观层面恢复力指标同质性较大,忽略这一要素对风险的影响。

表 2-6　不同区域尺度环境风险抵抗力指标遴选结果

具体指标	宏观分区	微观分区
区域人均 GDP	+	−
人均环境保护财政投入	+	−
人均医疗卫生投入	+	−

注:"+"表示选用之一指标,"−"表示在这一区域尺度下,该指标不可及。

(6)重金属污染健康风险区划综合指标体系

基于(1)~(5)的分析,遵循"源—暴露—人"综合评价的总体思路,在宏观尺度上,考虑风险源的危险性、区域人群易损性和环境抵抗力三个维度,形成了如表 2-7 所示的重金属环境健康风险宏观分区指标体系。在微观尺度上,忽略环境抵抗力的变异对不同区域环境健康风险的影响,强化暴露环节对区域有效健康风险的作用,考虑风险源的危险性、暴露风险可达性以及区域人群易损性三个维度,形成如表 2-8 所示重金属环境健康风险微观分区指标体系。

表 2-7　重金属环境健康风险宏观分区指标体系

目标层	准则层	指标层
重金属 环境健康 风险指数 （R）	风险源的危险性（X_1）	大气重金属超标倍数（x_{11}）
		土壤重金属超标倍数（x_{12}）
		区域涉重污染源数量（x_{13}）
		区域重金属污染面积占比（x_{14}）
	区域人群易损性（X_2）	区域受重金属污染影响人群比例（x_{21}）
		区域人口密度（x_{22}）
		易感人群比例（x_{23}）
	环境风险抵抗力（X_3）	区域人均 GDP（x_{31}）
		人均环境保护财政投入（x_{32}）
		人均医疗卫生财政投入（x_{33}）

表 2-8　重金属环境健康风险微观分区指标体系

目标层	准则层	指标层
重金属 环境健康 风险指数 （R）	风险源的危险性（Y_1）	大气重金属超标倍数（y_{11}）
		土壤重金属超标倍数（y_{12}）
		水体重金属超标倍数（y_{13}）
	区域人群易损性（Y_2）	区域人口密度（y_{21}）
	暴露风险可达性（Y_3）	居住地离污染源的距离与卫生防护距离之比（y_{31}）
		居住地离污染源的距离与受污河流长度之比（y_{32}）
		居民当地自产食物的比例（y_{33}）

五、重金属环境健康风险宏观分区方法

1. 宏观分区理论框架

宏观分区时，在环境风险分析理论总体框架中，忽略了暴露对风险的影响，仅考虑风险源的危险性、区域人群易损性和环境抵抗力三个维度的要素对风险的作用，其表达式为：

$$风险（R）= \frac{危险性（H）×易损性（S）}{环境抵抗力（C）} = \frac{X_1 × X_2}{X_3} \tag{2-6}$$

2. 分区指标量化方法

（1）风险源危险性指标（X_1）

风险源危险性（X_1）由大气重金属超标倍数（x_{11}）、土壤重金属超标倍数（x_{12}）、区域涉重污染源数量（x_{13}）和区域重金属污染面积占比（x_{14}）四个指标联合表征（如表 2-7 所示），其数学表达式如公式 2-7 所示，其中 $\omega_{11} \sim \omega_{14}$ 为各指标的权重系数。

$$H = X_1 = x_{11} \times \omega_{11} + x_{12} \times \omega_{12} + x_{13} \times \omega_{13} + x_{14} \times \omega_{14} \qquad (2\text{-}7)$$

①大气重金属超标倍数（x_{11}）

大气重金属超标倍数是指区域环境中大气重金属的浓度与空气质量重金属的浓度限值之比，其计算公式如下：

$$x_{11} = \frac{C_{air}}{C_{0air}} \qquad (2\text{-}8)$$

式中，C_{air}——区域大气重金属平均浓度，$\mu g/m^3$；

C_0——空气质量重金属标准限值，$\mu g/m^3$。

其中，区域大气重金属平均浓度水平的获取方法有两种：一是，通过直接监测获得；二是，通过模型模拟获得。从科学性和准确性的角度看，由于模型模拟中不仅存在模型本身的不确定性，还可能存在数据的不确定性，因此直接监测的数据准确度更高。在监测数据可及的情况，可直接利用监测数据计算区域重金属的超标情况。然而，我国的现实情况是重金属污染虽然广受关注，但尚未纳入环境或卫生的日常管理监测体系中，宏观层面上利用直接监测数据显然不具备可行性。因此，采用模型模拟的方法计算区域重金属的污染浓度。

a. 大气重金属污染浓度的模拟

空气质量数值模拟研究已有数十年的历史，自 1970 年以来，USEPA 等国际机构先后资助开发了三代空气质量模型：①20 世纪 70—80 年代的第一代空气质量模型，主要包括基于质量守恒定律的箱式模型，基于湍流扩散统计理论的高斯模型和拉格朗日轨迹模型；②20 世纪 80 年代末到 90 年代初的第二代空气质量模型中，加入了比较复杂的气象模式和非线性反应机制，并将被模拟的区域分成许多三维网格单元；③20 世纪 90 年代至今，考虑各污染物间的相互转化和相互影响，基于"一个大气"理念，设计研发了第三代空气质量模式系统，主要包括 CAMx 模型、Medels -3/CMAQ 和 WRF- Chem 等。国际对大气扩散模型的研究成果颇为丰硕，在我国《环境影响评价技术导则　大气环境》（HJ 2.2—2008）中推荐的模型有 SCREEN3 单源高斯烟羽模式以及 AERMOD、ADMS 和 CALPUFF 等预测模型。

由于大气扩散模型可以对大气污染物扩散分布过程进行模拟，因其受地形、气象、大气污染物的物理化学特征、污染源特征等多种因素的制约，不同的扩散模型都有各自不同的考虑因素和适用范围，选择恰当的扩散模型能较为准确地模拟污染物的扩散及分布。

根据既往经验，全国大尺度上的大气环境质量模拟，应用比较广泛的是主要是基于"一个大气"理念发展起来的 CMAQ 模型和 WRF-Chem 模型。国内学者更多地使用 WRF-Chem 模型对环境大气质量进行分析与预测，蒋飞等（2008）等运用 WRF-Chem 模拟了中国香港地区一次伴随台风出现的严重的光化学污染事件，发现高温、低湿、强辐射和稳定的边界层结构是导致持续光化学污染的关键因素，而韩素芹等（2008）利用 WRF-Chem 模拟研究了天津市主要大气污染物（CO、NO_x、O_3、$PM_{2.5}$）的演变情况。这两类模型的使用均需有网格数据、物理过程、化学机制、气象场数据以及污染源排放数据等复杂、翔实的参数作为支撑。在相关参数可及的情况下，可利用 WRF-Chem 模型模拟我国重金属大气分布浓度，模型使用方法参考 WRF/Chem 3.2 用户指南。然而，我国不仅存在基础数据不清的现实，同时还因为数据不公开的限制，导致基础数据不可及的困境。人体健康的影响一般考虑其长期积累的效应，故采用此模型具备一定的合理性。

在中小尺度模型中，常用的法规化模型有 ISC3、AERMOD、ADMS 和 CALPUFF 等，其中 SCREEN3 是一个单源高斯烟羽模式，可计算点源、火炬源、面源及体源的最大地面浓度，以及下洗和岸边熏烟等特殊条件下的最大地面浓度。此估算模式中嵌入了多种预设的气象组合条件，包括一些最不利的气象条件，在某个地区有可能发生，也有可能没有此种不利气象条件。故经此估算模式计算出的是某一污染源对环境空气质量的最大影响程度和影响范围的保守的计算结果。此外，对比分析我国《环境影响评价技术导则　大气环境》（HJ 2.2—2008）中推荐的 AERMOD、ADMS 和 CALPUFF 三个预测模型发现，三种预测模型需要翔实的地球物理资料、气象资料以及污染源资料。其中，AERMOD 和 ADMS 模式属于中小尺度精细计算模式，一般适用于评价范围在 50 km 以内区域的大气扩散计算，而 CALPUFF 模式适用于中尺度扩散计算，评价范围一般在 50 km 以上，故在相关参数数据满足条件的前提下，在省级层面上可使用 CALPUFF 模型模拟区域重金属大气浓度分布。

表 2-9　环评导则推荐大气扩散模型对比分析

名称	ADMS 模型	AERMOD 模型	CALPUFF 模型
模型简介	ADMS 模型是一个三维高斯模型，以高斯分布公式为主计算污染浓度，从高斯模型发展而来	AERMOD 模型的设计基于统计理论的正态烟流模式，是一种稳定状态的烟羽模型，也从高斯模型发展而来	CALPUFF 模型为非稳态三维空格朗日烟团输送模型，由高斯模型和拉格朗日模型发展而来
适用范围	适合于处理小于 50 km 短距离污染物的污染	适合于处理小于 50 km 短距离污染物的污染	适合于处理大于 50 km 长距离污染物的污染
污染源类型	点源、线源、面源、体源	AERMOD 模型不支持点源、面源和体源，如露天矿各类源	点源、面源、线源、体源
复杂地形	适用	适用	适用
复杂风场	不适用	不适用	适用
建筑物下洗	支持	支持	支持
干湿沉降	支持	支持	支持
化学反应	简单化学反应	简单化学反应	复杂化学反应
模拟污染物	气态污染物、颗粒物	气态污染物、颗粒物	气态污染物、颗粒物、能见度
对气象数据的最低要求	地面气象数据及对应高空气象数据	地面气象数据	高空气象数据

- 利用箱体模型模拟全国各省的大气重金属浓度分布

$$C_{\text{air}} = \frac{E}{BLH} = \frac{E}{A \times H} \tag{2-9}$$

式中，C_{air}——各个地区大气重金属污染物浓度，$\mu g/m^3$；

E——污染物排放量，t（计算方法及相关参数详见附录 A）；

B——箱体的宽度，m；

L——箱体的长度，m；

H——箱体的高度，m；

A——箱体的下垫面面积，此处为行政单元面积，m^2。

根据箱体模型的假设：大量污染源排放大量污染物质，这些污染物质向上的扩散受到高度 h 上的逆温层限制，混合高度是污染物扩散的上升限度。采用选取区域内的混合层高度作为箱体模型的高度 H，利用环评大气导则中（HJ/T 2.2—1993）计算混合层高低的方法计算：

当大气稳定度为 A、B、C 和 D 时：

$$h = \alpha_s \times U_{10} / f \tag{2-10}$$

当大气稳定度为 E 和 F 时：

$$h = b_s \times \sqrt{U_{10}} / f \tag{2-11}$$

$$f = 2\Omega \sin\varphi \tag{2-12}$$

式中，h——混合层厚度，m；

U_{10}——10 m 高度处平均风速，m/s；大于 6 m/s 时取为 6 m/s；

a_s，b_s——混合层系数，无量纲；

Ω——地转角速度，取为 7.29×10^{-5} rad/s；

φ——地理纬度，deg。

- 利用 CALPUFF 模型模拟省域内各市大气重金属浓度分布

在省级微观层面上，采用精确度更高的 CALPUFF 模型进行各市大气重金属浓度分布的模拟。该模型是我国环评导则的推荐模型之一，也是美国 EPA 推荐的由 Sigma Research Corporation 开发的空气质量扩散模型，由 CALMET 气象模块、CALPUFF 烟团扩散模块和 CALPOST 后处理模块三部分组成。CALPUFF 是用于非定常、非稳态的气象条件下，模拟污染物扩散、迁移以及转化的多层、多物种的高斯型烟团扩散模式，它模拟的尺度可以从几十米到几百公里，在远距离可以处理如干、湿沉降，化学转化，垂直风修剪和水上输送等污染物清除过程。模式可以处理逐时变化的点源、面源、线源、体源等污染源，可选择模拟小时、天、月或年等多种平均模拟时段，模式内部包含了化学转化、干湿沉降等污染物去除过程，充分考虑下垫面的影响，输出结果主要包括逐时的地面网格和各指定受体点的污染物浓度（Scire et al.，2000）。由于 CALPUFF 模型可以模拟复杂的地形地貌对污染物扩散的影响以及其可以进行长距离扩散输送的模拟，因此在资料比较翔实的情况下，可采用此模型进行重金属大气污染浓度的预测，具体操作方法见 CALPUFF 技术导则。

通过上述分析发现，排放清单是既有大气环境质量模型的重要输入参数之一，因此排放清单的准确性是影响空气环境质量模拟结果的重要影响因素。据此，有必要在不同的区域尺度上建立我国重金属的排放清单，具体方法详见附录 A。

b. 重金属空气质量浓度限值（C_{0air}）

大气重金属污染浓度限值，参考国家环境空气质量标准（GB 3095—2012）二级空气质量标准。标准确定了空气中铅、镉、汞、砷和 Cr^{6+} 的参考浓度限值，如表 2-10 所示。

表 2-10 空气质量重金属浓度限值

重金属类型	浓度限值/（μg/m³·a）	
	一级	二级
铅	0.5	0.5
镉	0.005	0.005
砷	0.006	0.006
汞	0.05	0.05
铬	0.000 025	0.000 025

②土壤重金属超标倍数（x_{12}）

土壤重金属超标倍数是指区域环境中土壤重金属的浓度与空气质量重金属的浓度限值之比，其计算公式如下：

$$x_{12} = \frac{C_{soil}}{C_{0soil}}$$ （2-13）

式中，C_{soil} ——区域土壤重金属平均浓度，μg/m³；

C_{0soil} ——重金属土壤质量标准限值，μg/m³。

其中，区域土壤重金属平均浓度水平的获取方法有两种：其一，通过直接监测获得；其二，通过模型模拟获得。在直接监测数据可及的情况下，可直接将监测数据代入模型进行计算。但在全国监测数据缺失（有全国土壤调查数据，但未公开）的现实下，可采用模型模拟法对土壤浓度进行模拟。

a. 土壤重金属浓度模拟

土壤是一个开放系统，土壤与水、空气、生物、岩石等环境要素之间存在物质交换，污染物进入环境后通过各环境要素间的物质交换造成土壤污染。影响土壤系统重金属累积的外源因子主要有：大气中重金属污染物的干湿沉降，以及水体中重金属的迁移灌溉、洪水泛滥。土壤浓度的数学表达式为：

$$C_{soil} = C_D + B$$ （2-14）

式中，C_{soil} ——土壤中重金属污染物浓度，mg/kg；

B ——区域土壤的背景浓度，mg/kg；

C_D——外源重金属污染物在土壤中累积浓度。

就农田土壤而言，外源重金属输入途径，主要考虑大气干湿沉降，灌溉用水以及农药残留等；而对于其他土壤而言，仅考虑大气沉降对其的影响。虽然洪水泛滥也会造成重金属的积累，但由于其起始周期范围较长，影响范围有限，可忽略。但如果数据可得性较好，也可进行计算。外源重金属对土壤环境的影响，主要采用土壤污染物累积模式计算：

$$W = K(B + R) \tag{2-15}$$

重金属在土壤中不易被自然淋溶迁移，残留率一般在90%左右（丁桑岚，2001；夏增禄等，1992）。

N年后，污染物在土壤中的累积量可用下式计算：

$$W_n = BK^n + RK \times \frac{1 - K^n}{1 - K} \tag{2-16}$$

土壤中自然背景值是自然输入量与自然淋溶迁移量的动态平衡，当自然输入量等于自然淋溶迁移量时，土壤背景值不衰减，B 值不变，故公式 2-16 可改为：

$$W_n = B + RK \times \frac{1 - K^n}{1 - K} \tag{2-17}$$

式 2-15～2-17 中，W——污染物在土壤中的年累计量，mg/kg；

　　　　　　B——区域土壤背景值，mg/kg；

　　　　　　R——污染物的年输入量，mg/kg；

　　　　　　K——污染物在土壤中的残留率，%；

　　　　　　n——污染物在土壤中的累计年限，a。

b. 土壤重金属环境质量浓度限值（C_0）

土壤重金属污染浓度限值可根据《土壤环境质量标准》（GB 15618—1995）的规定限值（表 2-11）确定，本书选用二级土壤指标标准为判定标准。

表 2-11　土壤环境质量标准值　　　　　　　　　　　单位：mg/kg

重金属		级别	一级	二级			三级
		pH	自然背景	<6.5	6.5～7.5	>7.5	>6.5
镉≤			0.20	0.30	0.30	0.60	1.0
汞≤			0.15	0.30	0.50	1.0	1.5
砷	水田≤		15	30	25	20	30
	旱地≤		15	40	30	25	40
铅≤			35	250	300	350	500
铬	水田≤		90	250	300	350	400
	旱地≤		90	150	200	250	300

③区域涉重污染源数量（x_{13}）

此参数可通过查阅"重金属污染综合防治规划"现场调查数据获得，在不同区域内均明确表明区域内涉重污染企业的数量。

④区域重金属污染面积百分比（x_{14}）

区域重金属污染面积百分比是指区域受重金属污染区域面积（S_P）与辖区行政区面积（S_T）之比，计算公式如下：

$$x_{14} = \frac{S_P}{S_T} \times 100\% \tag{2-18}$$

（2）区域人群易损性指标（X_2）

区域人群易损性（X_2）由区域受重金属污染影响人群比例（x_{21}）、区域人口密度（x_{22}）和易感人群比例（x_{23}）三项指标联合表征，其数学表达式如公式 19 所示，其中为各指标的权重系数。

$$S = X_2 = x_{21} \times \omega_{21} + x_{22} \times \omega_{22} + x_{23} \times \omega_{23} \tag{2-19}$$

①区域受影响人群比例（x_{21}）

区域受影响人群比例是指受重金属污染影响人群占（P_P）占常住人口总数（P_T）的百分比，计算公式为：

$$x_{21} = \frac{P_P}{P_T} \times 100\% \tag{2-20}$$

②区域人口密度（x_{22}）

区域人口密度是指单位面积上居住的常住人口数，即区域常住人口数（P_T）与辖区面积（S_T）之比，区域人口密度可通过全国或省级统计年鉴直接获取，或通过下列公式计算：

$$x_{22} = \frac{P_T}{S_T} \tag{2-21}$$

③易感人群比例（x_{23}）

不同重金属的性质不同，加之人群生理特征的不同，易感人群也存在差别。除铅的敏感人群为儿童（7 岁以下）外，其他重金属均对全暴露人群敏感。区域易感人群比例是指某种重金属对应的易感人群数（P_S）占常住人口总数（P_T）的百分比，计算公式为：

$$x_{23} = \frac{P_S}{P_T} \times 100\% \tag{2-22}$$

（3）环境抵抗力指标（X_3）

重金属污染导致健康损害发生的决定性因素是人群暴露水平，然而由于区域经济、社会经济发展水平——即区域社会环境对重金属污染及其健康损害的恢复能力的差异，人群面临的有效风险可能不同。总体而言，环境对风险的抵抗能力越强，真正作用于人群的有效风险越低。

区域环境风险抵抗力（X_3）由区域人均 GDP（x_{31}）、人均环境保护财政投入（x_{32}）和人均医疗卫生投入（x_{33}）其数学表达式如公式 2-23 所示，其中 ω_{ij} 为各指标的权重系数。

$$C = X_3 = x_{31} \times \omega_{31} + x_{32} \times \omega_{32} + x_{33} \times \omega_{33} \tag{2-23}$$

区域人均 GDP（x_{31}）可直接查阅统计年鉴获得，而其他两项指标的量化方法分别为：

a. 区域环境服务水平（x_{32}）

鉴于区域环境污染防治水平主要依赖于行政资源的投入，因此利用人均环境投入水平表征。地区节能环保支出（原为"环境保护支出"）财政支出总额以及人口数量均可通过统计局网站获取。人均年财政投入是指区域财政环境保护投入（I_E）与区域常住人口总数（P_T）之比，计算公式为：

$$x_{32} = \frac{I_E}{P_T} \tag{2-24}$$

b. 区域医疗卫生服务水平（x_{33}）

由于公共卫生服务资源主要来源于国家的行政资源宏观配置，因此采用区域人均医疗卫生财政经费获取。当然，医疗卫生支出费用并不一定全部用于重金属染相关不良健康结局的防治，但在一定程度上可反映区域医疗卫生服务对健康风险恢复能力。其中财政投医疗卫生支出可以通过卫生统计年鉴获得，区域人口总量可通过统计年鉴获取。人均年财政投入是指区域财政环境保护投入（I_H）与区域常住人口总数（P_T）之比，计算公式为：

$$x_{33} = \frac{I_H}{P_T} \tag{2-25}$$

（4）指标量化所需参数小结

根据 1～3 的重金属环境健康风险宏观分区各指标的量化方法，将指标量化所需参数及参数获取方法总结如表 2-12 所示。

表 2-12　重金属环境健康风险宏观分区指标量化所需参数及来源

	关系式	准则	关系式	指标层	所需参数	参数来源
重金属环境健康风险指数（R）	$R = \dfrac{X_1 \times X_2}{X_3}$	风险源的危险性（X_1）	$X_1 = x_{11}\omega_{11} + x_{12}\omega_{12} + x_{13}\omega_{13}$	大气重金属超标倍数（x_{11}）	大气重金属浓度	环境监测或模型模拟
					空气浓度限值	《空气质量标准（GB 3095—2012）》
				土壤重金属超标倍数（x_{12}）	土壤重金属浓度	土壤普查数据或模型模拟
					土壤质量限值	《土壤环境质量标准（GB 15618—1995）》
				区域涉重污染源数量（x_{13}）	污染企业数	《重金属污染综合防治"十二五"规划》调查数据
				区域重金属污染面积占比（x_{14}）	受污染面积	同上
					辖区总面积	《中国/省统计年鉴》

关系式	准则	关系式	指标层	所需参数	参数来源
重金属环境健康风险指数（R） $R = \dfrac{X_1 \times X_2}{X_3}$	区域人群易损性（X_2）	$X_2 = x_{21}\omega_{21} + x_{22}\omega_{22} + x_{23}\omega_{23}$	区域受重金属污染影响人群比例（x_{21}）	受影响人口数	《重金属污染综合防治"十二五"规划》调查数据
				区域常住人口总数	《中国/省统计年鉴》
			区域人口密度（x_{22}）	人口密度	《中国/省统计年鉴》
			易感人群比例（x_{23}）	区域易感人口规模	《中国/省统计年鉴》
				区域常住人口总数	
	环境风险抵抗力（X_3）	$X_3 = x_{31}\omega_{31} + x_{32}\omega_{32} + x_{33}\omega_{33}$	区域人均GDP（x_{31}）	人均CDP	《中国/省统计年鉴》
			人均环境保护财政投入（x_{32}）	财政环境保护支出	《中国/省统计年鉴》
				区域常住人口总数	
			人均医疗卫生投入（x_{33}）	财政医疗卫生支出	《中国/省统计年鉴》
				区域常住人口总数	

3. 重金属环境健康风险宏观分区指标权重系数计算方法

本规范采用变异系数法对各指标进行赋权。变异系数是统计中常用的衡量数据差异的统计指标，此法根据各指标在所有评价对象上观测值的变异程度大小对其赋权。具体方法如下所示：

假设有 m 项评价指标，n 个评价对象，X 为原始数据矩阵，其中 X_{ij} 为第 i 个对象的第 j 个指标的数值，则：

$$R = \begin{bmatrix} X_{11} & X_{12} & \cdots & X_{1m} \\ \vdots & \vdots & \vdots & \vdots \\ X_{n1} & X_{n2} & \cdots & X_{nm} \end{bmatrix} \tag{2-26}$$

首先，计算各指标的标准差，反映各指标的绝对变异程度，如：

$$S_j = \sqrt{\dfrac{\sum_{i=1}^{n}(x_{ij} - \bar{x}_j)^2}{n}} \tag{2-27}$$

其次，计算各指标变异系数，反映各指标的相对变异程度，如：

$$V_j = \dfrac{S_j}{X_j} \tag{2-28}$$

最后，对指标的变异系数进行归一化处理，求得各指标权重系数，如：

$$\omega_j = \frac{V_j}{\sum\limits_{j=1}^{m} V_j} \qquad (2\text{-}29)$$

4．金属环境健康风险计算

（1）潜在环境健康风险指数（R_0）

区域人群重金属暴露的有效风险是指自污染源释放的危险性，经自然环境归趋、社会公共服务等层层削减后的有效风险，利用污染源的危险性（X_1）与环境健康风险抵抗力（X_3）的比值表征，即：

$$R_0 = \frac{X_1}{X_3} \qquad (2\text{-}30)$$

（2）"有效"环境健康风险指数（R）

环境健康风险是指源释放的潜在健康风险作用于不同易损性的人群，其所暴露的"有效"健康风险，即：

$$R = R_0 \times S = \frac{X_1}{X_3} \times X_2 \qquad (2\text{-}31)$$

5．环境健康风险宏观分区方法

按四分位法分别将区域重金属污染潜在环境健康风险和人群脆弱性各划分为四个特征组，并构建由 R 和 S 组成的交互矩阵，然后根据环境健康风险和人群脆弱性的特征，将评价单元划分为四类环境健康风险管理类型区：源人联控区、人群易损区、危险控制区、常规监测区。

（1）四分位数计算方法

四分位数是将样本数据分成四个相等部分的值，包括下四分位（Q_1：25%的数据≤此值）、第二个四分位数（Q_2：50%的数据≤此值）和上四分位数（Q_3：75%的数据≤此值）。根据数据特征，计算方法如下：

①确定四分位数的位置

四分位数 Q_1、Q_2、Q_3 的位置分别由下列公式确定，其中 n 表示资料的项数：

$$Q_1\text{的位置} = \frac{n+1}{4} \qquad (2\text{-}32)$$

$$Q_2\text{的位置} = \frac{2(n+1)}{4} = \frac{n+1}{2} \qquad (2\text{-}33)$$

$$Q_3\text{的位置} = \frac{3(n+1)}{4} \qquad (2\text{-}34)$$

②确定四分位数

将数列取值从小到大排序，根据第一步确定的四分位数的位置，确定其相应的四分位数：

当（$n+1$）能被 4 整除时，位置对象的数值即为四分位数；

当（$n+1$）不能被 4 整除时，有关的四分位数为与该数相邻的两个整数位置上的标志值的加权平均数，权数大小取决于两个整数位置距离的远近，距离越近，权数越大，距离越远，权数越小，权数之和等于 1。

（2）构建潜在风险和人群脆弱性矩阵

根据风险源危险性和人群脆弱性特征，按如图 2-8 所示的准则，将评价单元分为四个管理区。在源人联控区内，由于风险源的危险性和人群脆弱性均相对较高，故在制订风险防控方案时需要综合考虑风险管理的成本效应，考虑从风险源调控入手还是人群干预着手，或者二者兼顾；在危险控制区，风险源的危险性较高，但人脆弱性较低，故可以考虑重点针对人群进行健康教育和健康促进，通过改变行为模式等削弱暴露效率或人群搬迁等方式，实现风险的防控；在人群易损内，由于人群脆弱性相对较高，因此需要从产业布局的角度对环境健康风险进行源头控制，通过建设工业园区或污染源搬迁等方式进行风险防控；在常规监控区内，虽然当前污染源的危险性和人群脆性均较低，但随着产业和社会经济的动态发展，产业格局、土地利用方式等均会发生变化，因此需要进行动态监测。

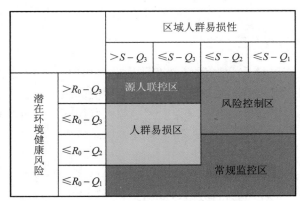

图 2-8　重金属环境健康风险宏观区划依据

六、重金属环境健康风险微观分区方法

1. 微观分区理论框架

微观分区时，在环境风险分析理论总体框架中，忽略环境抵抗力对风险的影响，同时强化暴露环节对"有效"风险的作用，考虑风险源的危险性（Y_1）、区域人群易损性（Y_2）和暴露风险可达性（Y_3）三个维度的要素对风险的作用，其数学如公式 2-35 所示：

$$风险（R）=危险性（H）\times 易损性（S）\times 暴露（E）=Y_1 \times Y_2 \times Y_3 \tag{2-35}$$

2. 微观分区指标量化

（1）重金属污染源危险性指标（Y_1）

在微观层面上，虽然也使用环境介质重金属浓度超标倍数表征，但主要考虑的是区域环境质量的达标情况。当超标倍数大于等于 1 时，则相应的环境介质重金属浓度不达标，而当超标倍数小于 1 时，则表示区域环境介质重金属浓度达标。环境介质重金属达标情况可仿效宏观层面计算，但其浓度的获取方法不甚相同。在微观层面，不可能实现对每一个区域都进行监测，而由于研究者的个案研究由于开始时间不同，可能造成基础数据的不可比较。因此，这一层面的基础数据主要可通过小尺度的模型，如 AERMOD 和 ADMS 模式进行模拟获得，或者基于部分点位实际数据利用空间插值法，获得区域数据。在微观领域，大气和土壤环境质量浓度限值与宏观层面一致，但需考虑受污水体经皮肤暴露的情况。水体重金属超标倍数（y_{13}）是指区域环境中水体重金属的浓度与《地表水环境质量标准（GB 3838—2002）》中的浓度限值（表 2-13）之比，可根据下列公式计算：

$$y_{13} = \frac{C_{water}}{C_{0water}} \tag{2-36}$$

式中，C_{water}——区域水体重金属平均浓度，mg/L；

C_{0water}——水体重金属质量标准限值，mg/L。

根据水域功能和标准分类，Ⅲ类水主要适用于集中式生活饮用水地表水源地二级保护区、鱼虾类越冬场、洄游通道、水产养殖区等渔业水域及游泳区，Ⅳ类水主要适用于一般工业用水区及人体非直接接触的娱乐用水区，因此从保护人体健康的角度出发，采用Ⅲ类水标准作为判定依据。

表 2-13 地表水环境质量重金属标准 单位：mg/L

标准项目	类型				
	Ⅰ类	Ⅱ类	Ⅲ类	Ⅳ类	Ⅴ类
铅	0.01	0.01	0.05	0.05	0.1
镉	0.001	0.005	0.005	0.005	0.01
铬（六价）	0.01	0.05	0.05	0.05	0.1
砷	0.05	0.05	0.05	0.1	0.1
汞	0.000 05	0.000 05	0.000 1	0.000 1	0.000 1

（2）暴露风险可达性指标（Y_3）

①居住地离污染源的距离与卫生防护距离之比（y_{31}）

此指标用以表征大气重金属污染经呼吸道途径的暴露风险，当居住地离污染源的距离与卫生防护距离之比小于 1 时，表明经此途径暴露于重金属会导致健康风险。确定卫生防护距离的方法主要有两种：一是根据《制定地方大气污染物排放标准的技术方法》（GB/T 13201—91）中的计算公式计算，简称"公式法"；二是根据各行业单独制定的行业卫生防护距离标准确定，简称"行业标准法"。本规范统一采用"公式法"确定，即根据 GB/T 13201—91 中给出的卫生防护距离计算公式进行计算：

$$\frac{Q_c}{C_m} = \frac{1}{A}(BL^C + 0.25r^2)^{0.05}L^D \tag{2-37}$$

式中，Q_c——有害气体无组织排放量，kg/h；

　　　　C_m——铅排放标准浓度限值，mg/m³；

　　　　L——职业卫生防护距离，m；

　　　　r——有害气体无组织排放源所在的生产单元的等效半径，m；

　　　　A、B、C、D——卫生防护距离计算系数，无量纲。

②居住地离污染源的距离与受污河流长度之比（y_{32}）

由于我国饮用水重金属水平有严格的标准，因此主要考虑人群经过皮肤接触摄入重金属的情况。因此，利用这一指标表征区域人群经皮肤接触受污染水体而导致健康风险的可能性。根据四类水水质情况，运用一维水质模型推算河流受污范围，用以表征以水体扩散为主的重金属污染物在环境介质的迁移转化：

$$C = C_0 EXP\left[\frac{u}{2D}(1-m)x\right] \tag{2-38}$$

$$m = \sqrt{1 + \frac{4k_1 D}{86\,400u^2}} \tag{2-39}$$

$$C_0 = \frac{C_E Q_E + C_P Q_P}{Q_E + Q_P} \tag{2-40}$$

式 2-38～2-40 中，C_0——完全混合断面的污染物浓度，mg/L；

　　　　　　　　Q_E——河水流量，m³/s；

　　　　　　　　C_E——河水背景断面的污染物浓度，mg/L；

　　　　　　　　C_P——废水中污染物的浓度，mg/L；

　　　　　　　　Q_P——废水的流量，m³/s；

　　　　　　　　C——下游某一点的污染物浓度，mg/L；

　　　　　　　　μ——河水的流速，m/s；

　　　　　　　　D——x 方向上的扩散系数，m²/s；

　　　　　　　　k_1——污染物降解的速率常数（1/d）。

③当地自产食物消费比例（y_{33}）

这一指标用以表征土壤—膳食—消化道途径的暴露风险。在微观尺度，可通过问卷调查的形式获取这一参数。

（3）区域人群易损性（Y_2）

在微观层面上，尤其是以行政村为区划单元时，所涉及的范围尺度较小，可以认为各基本单元内人群的风险认知程度、对风险的规避能力、易感人群的比例等等均为同一水平，继而可以用各基本单元的人群规模代表易感人群规模，作为受体人群易损性指标。该指标可通过既往统计数据获取。利用评价单元暴露人口密度 PP_i 与评价区域暴露人口密度 PP_o 表征人群易损性。区域人群易损性指数可按下列公式计算：

$$S = Y_2 = \frac{PP_i}{PP_o} \qquad (2\text{-}41)$$

式中，当 $S \geq 1$ 时，认为区域人群易损性高；

当 $S < 1$ 时，认为区域人群易损性低。

（4）指标量化所需参数小结

根据 1～3 将指标量化所需参数及参数获取方法总结如表 2-14 所示。

表 2-14 重金属环境健康风险微观分区指标量化所需参数及来源

	关系式	准则层	指标层	所需参数	参数来源
重金属环境健康风险指数（R）	$R = Y_1 \times Y_2 \times Y_3$	风险源的危险性（Y_1）	大气重金属超标倍数（y_{11}）	大气重金属浓度	现场调查
				空气浓度限值	《空气质量标准（GB 3095—2012）》
			土壤重金属超标倍数（y_{12}）	土壤重金属浓度	现场调查
				土壤质量限值	《土壤环境质量标准（GB 15618—1995）》
			水体重金属超标倍数（y_{13}）	水体重金属浓度	现场调查
				水体质量限值	《地表水环境质量标准（GB 3838—2002）》
		区域人群易损性（Y_2）	评价单元暴露人口密度与平均密度之比（y_{21}）	评价单元暴露人口密度	人口普查数据
				区域平均密度	人口普查数据
		暴露风险可达性（Y_3）	居住地离污染源的距离与卫生防护距离之比（y_{31}）	居住地离污染源的距离	现场调查+模型模拟
				卫生防护距离之比	
			居住地离污染源的距离与受污河流长度之比（y_{32}）	居住地离污染源的距离	现场调查+模型模拟
				受污河流长度	
			当地自产食物消费比例（y_{33}）	自产食物消费比例	现场调查

3. 重金属环境健康风险微观分区方法

由于在微观尺度上，能准确定位涉重污染源位置，因此能更好地识别不同评价单元内人群重金属污染的暴露模式，因此采用暴露模式与人群易损性的交互矩阵进行风险管理类型区的划分。

（1）确定暴露模式

根据区域重金属污染的危险性指标确定各评价单元内人群可能的暴露模式，其划分依据如表 2-15 所示。

表 2-15　微观层面重金属暴露模式的划分依据

暴露模式	危险性特征
混合暴露模式	卫生防护距离或受污河流长度范围内 或 两种及两种以上环境介质重金属含量超标
单一暴露模式	土壤重金属浓度超标（$I_{soil} \geqslant 1$） 大气重金属浓度达标（$I_{airl} < 1$） 水体重金属浓度达标（$I_{water} < 1$）
弱暴露模式	土壤重金属浓度超标（$I_{water} < 1$） 大气重金属浓度达标（$I_{airl} < 1$） 水体重金属浓度达标（$I_{water} < 1$）

（2）微观尺度重金属环境健康风险分区

基于人群重金属可能暴露模式和区域人群易损性特征，可将评价单元分为如图 2-9 所示的四类风险管理类型区。源—人联控区：区域内人群脆弱性较高，暴露途径复杂多样，风险管理需要因地制宜，考虑成本效益，结合城市规划对城建区和污染源布局进行全面调控，采取人群搬迁或污染源迁移管理措施；暴露干预区：这一区域内人群对通过单一途径暴露于重金属，通过切断暴露途径或削减暴露效率的方法可达到有效的风险防控，例如针对儿童手—口—尘的暴露途径，可通过健康教育，改变行为模式（勤洗手）来降低暴露风险，而针对主要通过土壤—稻米—膳食途径致害的镉污染风险，则可通过改变种植结构（种植低富集系数植物）或膳食来源以降低风险；风险控制区：这一区域暴露途径复杂多样，但人群规模较小，可通过人群搬迁的方式规避风险，以实现保护人群健康的目的；常规监测区：随着产业和社会的发展，源的危险性和人群脆弱性特征可能发生动态变化，因此需要进行动态监测管理。

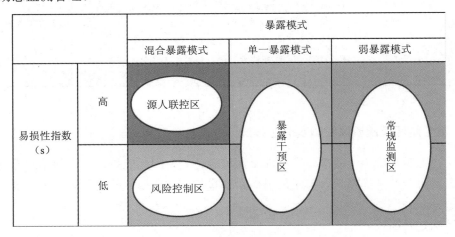

图 2-9　重金属环境健康风险微观分区方法及标准

七、环境健康风险分区方法合理性分析

在宏观区域尺度上，重金属污染综合防治"十二五"规划已在全国范围内标定各类重金属污染重点区块，因此对比基于本分区方法得出的环境健康风险管理类型区和"规划"划定重点区块，分析此分区方法的合理性。理论上，源—人联控区应包含于"规划"划定的重点区域内。

在微观区域尺度上，区域人群的暴露途径基本可知，分区指标综合考虑了"源—暴露—人群"特征，故利用不同区域的环境健康风险相对大小验证分区方法的合理性。

第三章 重金属环境健康风险分级技术研究

一、重金属环境健康风险分级理论基础

1．相关基本概念

（1）风险

风险（Risk）一般指遭受损失、损伤或毁坏的可能性，被定义为一个确定有危害事件发生的概率和频率的组合以及造成后果的严重程度（Calabrese et al.，1993；Megill，1984）。它存在于人的一切活动中，不同的活动会带来不同性质的风险，如经常遇到的灾害风险、事故风险、金融风险、环境风险等（毛小苓等，2005）。

（2）环境健康风险评价

环境健康风险评价（Environmental health risk assessment，EHRA）有广义和狭义两个层面的概念，广义的环境健康风险评价包括人体健康风险评价和生态系统健康风险评价，狭义上仅指人体健康风险评价，即基于污染物在环境介质中的迁移和通过水、陆生动植物链的聚集、转移以及居民生活习性等参数，计算出人体对污染物的摄入量和污染物对人体产生的有效剂量，再进一步求出这些物质对人体产生的健康危害，其中健康危害对个体而言指发生等效死亡（如死亡、癌症及其他后果严重的疾病等）的概率，对群体而言是指该群体发生等效死亡的人数。本书的重金属环境健康风险评价选取狭义环境健康风险评价。

（3）环境健康风险分级

"分级"或"定级"研究是根据某一目的，确定环境优先序的过程。环境健康风险分级是在环境健康风险评价的基础上，根据风险水平的相对大小确定风险等级，并用以指导风险优先管理序的过程。

2．环境健康风险分级研究的国际经验

目前，已开展的环境定级研究包括城镇土地定级研究、人均环境定级研究以及环境风险分级研究等。其中，城镇土地定级是依据土地质量进行区域土地等级划分，人居环境定级是根据环境满足人类居住的实际需求的水平进行等级划分，而环境风险分级的目的是确定环境风险管理的优先级，即根据区域环境健康风险值的相对大小进行排序，以确定区域环境的优先管理等级。目前，风险分级的研究主要集中在危险废物毒性和爆炸分级、生产安全事故风险分级以及危险品道路风险分级等方面，但都没相对成熟的模型。通过这些研

究可以看出，环境健康风险分级研究的关键科学问题是如何获得精确的风险评价结果。

（1）环境健康风险评价研究进展

目前国际上公认的并且已经进行过大量实践的环境健康风险评价方法主要有两种：一是以一种有毒污染物为目标，通过健康风险评价的方法衡量这种污染物对人体产生的健康影响。这种方法主要是基于美国国家科学院于 1983 年提出的健康风险评价四步法（NAS，1983）；二是以多种污染物为目标，通过比较多种污染物分别对人体产生的疾病负担，对不同污染物的健康风险进行排序。这种方法主要是基于 USEPA 于 20 世纪 80 年代提出的比较风险分析（Comparative Risk Analysis，CRA），能够实现对不同类型的风险进行比较，从而确定优先控制风险（Holger Schütz et al.，2006）。

①基于"四步法"的健康风险评价

风险评价兴起于 20 世纪 60 年代，实际上早在 20 世纪 30 年代就有对职业暴露的流行病学资料和动物实验的剂量—反应关系的报道，这也是健康风险评价的初级形式。目前国外风险评价主要包括人体健康风险评价和生态风险评价两方面，相对来说，人体健康风险评价的方法基本定型，生态风险评价正处在总结、完善阶段。

20 世纪 30—60 年代，风险评价处于萌芽阶段。主要采用毒物鉴定方法进行健康影响分析，以定性研究为主（Hall et al.，2003）。例如，关于致癌物的假定只能定性说明暴露于一定的致癌物会造成一定的健康风险。直到 20 世纪 60 年代，毒理学家才开发了一些定量的方法进行低浓度暴露条件下的健康风险评价（NRC，1994）。

20 世纪 80 年代以来，美国及国际机构与组织颁布了一系列与风险评价有关的规范、准则，风险评价技术迅速发展。1983 年美国国家科学院出版《联邦政府的风险评价：管理程序》，提出健康风险评价"四步法"，即危害鉴别、剂量—效应关系评价、暴露评价和风险表征，并对各部分都作了明确的定义，健康风险评价的基本框架已经形成。1986年美国颁布了《致癌风险评价指南》、《致畸风险评价指南》、《化学混合物的健康风险评价指南》、《暴露风险评价指南》等。这个模式已广泛应用于致癌物和非致癌物的健康风险评价。

然而，由于各国制定有关风险管理的法律规定不同，一些国际组织制定的环境健康风险评价原则又有所差异，导致不同国家或国际组织采用的环境健康风险评价方法仍存在有一定的差别。比如在致癌物的健康风险评价方面，美国国家环境保护局目前采用无阈的概率法对已知或可能的致癌物进行健康风险评价。英国则采用根据现有的证据，对致癌物的健康风险经专家分析判断后个例判定的方法。鉴于以上原因，1992 年在巴西里约热内卢召开的联合国环境与发展大会（UNCED）的政府首脑会议后提出的 21 世纪行动日程的第 19章中，特别指出环境健康风险评价方法的国际标准化是实施化学物质有效安全管理的必要措施。之后，一些国家和国际组织对已有的方法进行了比较研究和评价，并且加速开发研制一些新的方法。国际化学品安全机构（IPCS）从 1993 年起已召开了多次会议，探讨健康风险评价方法的国际标准化问题。目前已基本达成共识，上述四步骤模式将构成未来标准化的基本框架，同时指出一个良好的环境健康风险评价应满足以下要求：①明确的评价理由和目的；②应清楚地阐述评价的范围、关注的危害种类、受影响的人群范围、相关的暴露特征以及在暴露范围的剂量反应关系；③应定性、定量地提供风险的特征，风险特征的定量描述应包括风险的范围估计；④应依据可获得的信息，对风险做出科学、客观的评价，避免夸大或低估实际的风险；⑤应解释评价中某些关键假定的依据。可能的话，应同时定量地比较几种不同合理假定下的风险；⑥应在阐述评价结果的同时，对评价的局限性和不确定性进行说明。

我国的环境健康风险评价工作实际上是在新中国成立以后才得以起步。当时我们借鉴前苏联的经验，制定了一系列的环境卫生标准，为以后的环境健康风险评价工作打下了良好的基础。改革开放以来，随着国际交往的增多，我国的环境健康风险评价工作也逐步朝着与国际接轨的方向发展。20 世纪 80 年代末之后，一些大学、科研院所陆续组织翻译和编写了一些介绍健康风险评价的书籍，对推动我国的健康风险评价工作起了重要的作用。近年来，一些学者实际应用健康风险评价方法对严重危害人民健康的环境化学物质的危害进行了定量评估，取得了良好的成果，部分还为政府有关部门的决策提供了可靠的科学依据。

Chen 等（2011）评估了上海市宝山区铅污染大气沉降的人群健康风险，从呼吸、由口摄入和皮肤接触三条途径计算了人群的铅摄入量，并使用健康风险评价四步法对铅产生的健康风险进行了评价。郭广慧和宋波（2010）通过对宜宾市主要街道 47 个土壤样中铅、砷、锌和铜含量的调查研究，并利用健康风险评价模型，评价了城市土壤中重金属对儿童（6～12 岁）的健康风险。邹晓锦等（2008）以广东省大宝山重金属污染矿区癌症高发村上坝为研究区域，测定了饮用井水，蔬菜样品、大米样品中重金属含量以及人体尿样、血样中的含量，系统地评价了通过饮食途径（井水、蔬菜和大米）重金属暴露接触对人体的健康风险。

环境健康风险评价工作的综合性很强，需要有各类专业和管理人员的参与。我国的现代环境健康风险评价工作的实际应用还有待进一步发展。随着我国环境危险管理制度规范化进程的加速，环境健康风险评价将会在国民经济建设中发挥更大的作用。

②比较风险评价

比较风险评价（Comparative Risk Assessment，CRA）是在风险评价的基础上，根据特定的目的（如风险交流、在有限的资源中为风险管理的决策设置一个合理的有限次序或评价不同的选择），将两个或两个以上风险联系起来进行比较的过程。比较风险评价为第一次评估不同的环境问题提供了一个系统的框架，将人群健康和环境的风险分为不同的类型和等级，然后给出不同的策略（Morgenstern et al.，2000）。Dunn（1996）定义了 CRA 计划的 4 个主要目标：①在确定优先次序的过程中考虑、确定并纳入公众的意见；②确定最严重的环境威胁并对其进行相应的排序；③建立环境优先事项；④制订行动计划/战略，以减少风险。1986 年美国 EPA 开展了第一个比较风险项目—Unfinished Business，对美国 EPA 管辖范围内各种环境问题的相对风险分析，用该方法确定国内环境问题的优先性，指导立法和选择调整方案，分析成本效益或达标执法行动。欧盟和个别国家将评价技术用于制订环境行动计划和其他相关领域。泰国和埃及利用比较风险评价技术确定具体的污染治理措施，如削减含铅汽油、实行交通管理、减少颗粒物排放等。

其中，人口健康风险比较一般分两个步骤：一是将污染物或风险源归类，估计暴露人口数和污染物的集中度；二是估计暴露人口的典型风险，常采用致癌物因子、非致癌物参考剂量、有关风险比率和其他流行病研究的剂量反应系数等方法。另外，在比较时往往还须考虑敏感人群、社会价值及选择对偏好和价值的影响。

比较风险评价考虑了污染物、排放源、活动/部门、暴露环境、暴露人群数量、敏感人群和关键健康效应等指标（Victorin et al.，1999）。不同的国家根据不同的国情和资料的可得性情况，选取的比较风险评价指标有所增减。2002 年，世界卫生组织（WHO）组织了来自 30 个机构的学者和专家对全球 14 个地区的疾病风险进行了比较风险分析，评价了儿童和孕产妇营养不良、环境和职业风险、成瘾物质等领域的风险引起的疾病。这是到目前为止全球最大最全面的比较风险评价研究计划。

在我国，比较风险评价是一个新引入的方法，目前基本没有相关成形的研究成果。本书对比较风险评价方法的研究与应用，将为这种方法在我国环境管理中的应用及我国环境健康风险评价提供一种新的思路。

（2）环境健康风险分级研究

环境污染对人体健康的影响的定量化是进行风险分级的基础。自 20 世纪 80 年代以来，世界各国都先后开展了健康危险度评价的研究。如瑞典环境健康风险评估，综合考虑了环境空气、室内空气、水和食物等领域，并在每个领域通过分析健康效应、敏感人群、重要暴露条件，趋势和暴露人群的数量，受影响的人群数量估计，重要的排放源，对排放负有责任的活动或部门等，设置了不同环境因子环境健康风险优先权的主要排序，其风险分级标准如下：严重影响如死亡、致癌或长期病痛或功能丧失，每年小于 1 例的被认为是最轻程度，1～100 例的中等程度，每年大于 100 例的为高等程度。我国卫生部也十分重视健康风险评估工作的研究、实施和规范化，于 2008 年颁布的食品安全法中明确规定：国家建立风险监测和风险评估制度，对食源性疾病、食品污染以及食品中的有害因素进行监测，对食品、食品添加剂中生物性、化学性和物理性危害进行风险评估。

针对突发性事故环境风险以及企业环境风险已有比较成熟的风险源分级方法体系，其基本思路是通过风险特征分析，开展区域环境风险综合评价以计算风险值，并确定风险管理的优先等级。目前有关区域环境风险分级研究，已取得了一系列的成果，例如重大危险源的环境风险分级标准，企业环境风险分级技术规范，粗铅企业环境风险分级技术规范以及硫酸企业环境风险分级技术规范等。但这些分级方法主要是以企业为研究对象，进行区域环境风险分级，鲜少考虑其对人群健康的影响。

20 世纪 90 年代初期，张永春（2002）提出了危险废物的风险等级分类法，该方法将危险废物分为高、中、低三个风险等级，进而确定危险废物管理的重点，其实质是危险废物的排序问题。区域环境中这些废物中危险物质暴露毒性、环境转归及危害效应等数据，是对成千上万的危险废物进行风险等级的界定时的基础参数，但现实中限于这些数据的缺乏，至今尚未形成完整的分类体系。

3. 重金属环境健康风险分级研究进展

在重金属环境健康风险分级方面的研究相对较少，在重金属污染生态风险评估方面开展一些探索性研究工作，其研究思路主要考虑了有害物质的食物链危害。姜菲菲等（2011）

通过分析调查北京市农业环境中重金属环境风险特征，采用 Hakanson 潜在生态危害指数法对北京 1 018 个采样点的铬、砷、镉、铅和汞等 8 种重金属进行了污染的潜在生态风险评价，并利用克里格方法绘制了污染风险概率分布图，进而实现了风险等级的划分。Ma（2012）对台湾省 121 个大气砷污染源产生的人群多途径暴露风险进行了评估，并根据评价结果对台湾地区所有市、县进行了人群健康风险分级。该研究基于人群日均摄入量（Average daily intake，ADI）的结果，使用投入产出表计算了来自不同部门的污染对人群产生的风险，并将各个地区各部门风险进行加总得到地区总风险从而进行分级。Niisoe 等（2012）使用环境生态模型评价了东亚四国（日本、韩国、中国、越南）的人群铅暴露风险。该模型将环境介质中的铅含量、人群摄入量和血铅水平联系起来，计算了由呼吸道和消化道进入人体的铅导致的血铅水平，并以此作为环境健康风险分级的指标。此外，黄勇等（2009）运用健康风险评价"四步法"在成都经济区针对砷、镉、汞和铅 4 种重金属开展了健康风险评价，分别计算了砷、汞和铅三种重金属的非致癌效应和镉的致癌效应。其中，非致癌效应，计算食物摄入和空气吸入两种暴露途径产生的危害指数；致癌效应，计算由吸入镉引起的致癌风险，并根据致癌风险的大小、以行政区作为单元对成都经济区的健康风险进行了划分。

综上所述，环境健康风险分级是实施环境健康风险分类分级管理的依据，但目前针对环境健康损害事件主要致害物——重金属的环境健康风险分级技术方法尚未成体系，虽然环保部发布了《粗铅冶炼企业环境风险等级划分方法》的试行办法，但该方法鲜有考虑其对人群健康的影响，相关风险值的确定也是基于定性与定量相结合的风险综合评价方法进行的，在评价过程有较高的不确定性和主观性。因此，针对性地构建重金属污染环境健康定量评价与风险分级技术势在必行。现行重金属环境健康风险评价，多是基于健康风险评价"四步"法开展。为此，采用综合考虑重金属污染健康风险形成过程的定量风险评估方法——健康风险评价四步法健康风险分级模型的基本模型框架，将重金属环境健康风险度作为风险分级指标，并将可接受风险水平作为风险分级的划分依据，开展重金属环境健康风险分级研究具有夯实的理论基础和现实的可操作性。

二、重金属环境健康风险分级原则研究

1. 最低合理可行性

从重金属污染环境与健康风险分级服务于风险管理的角度看，需要识别出高风险等级区域以进行优先管理。英国健康安全机构（Health and Safety Executive，HSE）明确提出要求将最低合理可行性（As Low As Reasonably Practicable，ALARP）准则作为进行风险管理和决策的准则，并成为了确定可接受风险水平的标准框架，如图 3-1 所示。基于此，本研究将最低合理可行性作为风险分级的原则之一，此原则是指通过回顾既往风险分级标准，选用不同分级标准中最为宽松的标准作为本次风险分级的依据。

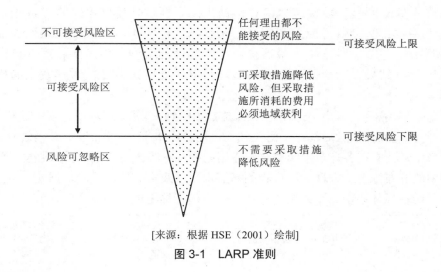

不可接受风险区

任何理由都不能接受的风险

可接受风险上限

可接受风险区

可采取措施降低风险，但采取措施所消耗的费用必须地域获利

可接受风险下限

风险可忽略区

不需要采取措施降低风险

[来源：根据 HSE（2001）绘制]

图 3-1　LARP 准则

2．相对比较原则

遵循最低合理可行性确定风险分级标准后，可进一步对各区域的环境健康风险分级进行相对比较，进而确定风险管理的优先序，因此提出环境健康风险分级尚须遵循相对比较原则。

3．风险优先 5%原则

区域重金属健康风险分级的目的在于确定区域风险管理的强度和优先序。区域环境健康风险是动态变化的，2012 年 7 月美国疾病预防控制中心下的儿童铅中毒预防联邦咨询委员会（Federal Advisory Committee on Childhood Lead Poisoning Prevention，ACCLPP）建议将国家营养与卫生调查（National Health and Nutrition Examination Survey，NHANES）中国民血铅水平的第 97.5 百分位数确定为个体血铅水平的"干预值"，并将血铅水平处于与高于这一水平的社区居民进行卫生干预（USEPA，2012）。这一举措体现了风险动态评价和优先管理的原则，为此本书提出风险优先 5%原则，即对风险水平处于所有待评价区域前 5%的行政单元进行优先管理。

三、重金属环境健康风险分级指标确定

风险度量指标的选择是开展重金属环境健康风险分级工作的基础工作，常见的风险度量指标有：①基于定性与定量评价相结合的方法得出的风险指数，如毒性危险废物分级危害指数、企业职业伤害风险系数等；②基于定量的风险评价方法计算所得的健康风险度。环境健康风险分级的目的是区分不同类型风险区的风险强度，以保护风险受体——人群健康不受损害，常见风险度量指标有：日均暴露水平、生物标志物浓度以及健康危险度等，其中应用最为广泛的是健康危险度。因此本研究选用综合考虑了环境污染至健康损害效应发生各环节的健康危险度作为区域重金属污染环境与健康风险分级依据。

　　环境健康危险度是环境健康风险评价结果的表征，环境健康风险评价包括四个步骤：①危害鉴定；②剂量反应关系评价；③暴露评价；④风险表征。风险表征是风险评价的最后一个环节，是连接风险评价和风险管理的桥梁，为风险管理者提供详细而准确的风险评价结果，为风险决策和对风险采取必要的防范及减缓其发生的措施提供科学依据。

　　针对重金属污染而言，污染物自污染源排放（排放量）后，在环境介质中迁移转化（环境浓度），并经过人体接触后暴露于污染物（日均暴露水平），进而导致健康效应（健康危险度）的产生，其中在各环节中起决定性作用的指标分为：污染源的排放强度、污染物在环境介质中的分布浓度、人群对污染物的暴露水平以及实际健康风险。据此，重金属环境健康风险分级指标体系由一个终极指标和三个中间指标组成，如图 3-2 所示。

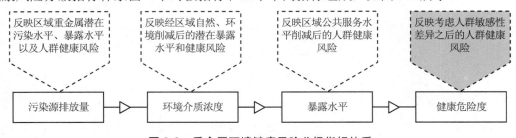

图 3-2　重金属环境健康风险分级指标体系

四、重金属环境健康风险分级模型研究

　　重金属环境健康风险分级模型的核心是由环境健康风险计算过程中的各子模型定的准则，在综合分析人群流行病学调查，毒理学试验、环境监测和健康监护等多方面研究资料的基础上，对化学毒物损害人类健康的潜在能力进行定性和定量的评估，以判断损害可能发生的概率和严重程度。常见指标有毒性（toxicity）、危害（hazard）、危险度（risk）、安全性（safety）、可接受的危险度（acceptable risk）和实际安全剂量（virtual safe dose，VSD）等。所谓环境健康风险评价（Health Risk Assessment，HRA）是指基于污染物在环境介质中的迁移和通过水、陆生动植物链的聚集、转移以及居民生活习性等参数，计算出人体对污染物的摄入量和污染物对人体产生的有效剂量，再进一步求出这些物质对人体产生的健康危害，其中健康危害针对个体是指发生等效死亡（如死亡、癌症及其他后果严重的疾病等）的概率，对群体而言是指该群体发生等效死亡的人数。

1. 环境健康风险计算模型

　　环境健康危险度评价污染物健康效应的表征中，污染物毒性作用或健康危害效应的特征和类型是风险表征方法的决定性因素。健康有害效应一般分为四类：①致癌（包括致体细胞突变）性；②致生殖细胞突变；③发育毒性（致畸性）；④器官/细胞病理学损伤等（陈学敏等，2009）。前两类有遗传物质损伤，属无阈值毒性效应，后两类属有阈值毒性效应。对于有阈值毒性效应和无阈值毒性效应的风险表征方法有所不同。因此，首先应对污染物的危害进行识别。

（1）环境污染物危害识别

目前，国际上关于化学物质分类的方法主要有两种：其一是国际癌症研究中心（IARC）化学物质致癌性分类和美国 EPA 综合风险信息系统（IRIS）的化学物质致癌性分类，如表 3-1 所示。对于目标污染物的致癌性和非致癌性的判定原则为，优先采用 IARC 的致癌性分类标准，即该污染物在 IARC 数据库中属于 1、2A、2B 类，则判定为致癌性物质。否则应查询 USEPA 的 IRIS 数据库，在 IRIS 数据库中属于 A、B1、B2 或 C 类，则判定为致癌物质。针对铅、镉、铬、砷和汞五类重金属而言，IARC 的致癌性分类标准中均已涉及，各类重金属的分类结果如表 3-2 所示。在后续健康风险评价时，根据此分类标准进行。

表 3-1 IARC 与 IRIS 环境致癌因子分类

IARC 致癌性分类		IRIS 致癌性分类		
类别	描述	类别		描述
1	具有充足的人类致癌性证据	A		人类致癌物
2	2A	人类可能致癌物质，流行病学资料有限，但有充分的动物实验资料	B	B1	根据有限的人体毒性资料与充分的动物实验资料，极可能为人类致癌物
	2B	也许是人类致癌物，流行病学资料不足，但动物资料充分，或流行病学资料有限		B2	根据充分的动物实验资料，极可能为人类致癌物
3	致癌证据不足	C		可能的人类致癌物
4	对人类无致癌性证据	D		不能划分为人类致癌物
		E		对人类无致癌性的物质

表 3-2 IARC 中重金属致癌性的分类结果

重金属	IARC 致癌性分类	
	物质	分类
铅（Pb）	无机铅化合物	2A
	有机铅化合物	3
	金属铅	2B
镉（Cd）	镉化合物	1
	金属镉	1
铬（Cr）	四价铬化物	1
	铬及 Cr^{3+} 化物	3
砷（As）	砷及无机砷化物	1
汞（Hg）	甲基汞	2B
	汞及无机汞	3

（2）重金属健康风险计算模型

根据 IARC 的分类结果，镉、铬、砷均有明确致癌性，而铅、汞则可能致癌。据此，针对重金属污染物的不同物质特性，采取不同的风险评价方法：

①非致癌化合物的风险计算

对于不具有明确致癌物性的铅或汞，采用非致癌物健康风险模型计算健康危险度。在这一数学模型中，参考剂量（RfD）是用来衡量可能效应的一个参考点，通常认为低于 RfD 的暴露剂量可能不产生有害健康效应，随着超过 RfD 的频率和幅度的增加，在人群中的发生有害健康效应的概率也随之增加，因此常用个体对污染物的日均暴露剂量与污染物质 RfD 的比值——危害商（HQ）表征，计算公式为：

$$HQ = \frac{D}{RfD} \tag{3-1}$$

式中，D——非致癌污染物的单位体重日均暴露剂量，g/kg·d；

若 HQ＜1，表示非致癌风险在可接受范围内，无量纲；

若 HQ＞1，表示非致癌风险不可接受，无量纲。

②致癌化合物的风险表征

对于致癌污染物，USEPA 推荐的方法是利用数学模型确定出风险的上限值而不是估算真实风险，常用线性多阶段模型来确定风险上边界。此模型为：

$$R = SF \times ADD \tag{3-2}$$

式中，R——化合物的致癌风险，10^{-6}；

ADD——化学致癌物的单位体重日均暴露剂量，g/（kg·d）；

SF——致癌强度系数，$(mg/kg \cdot d)^{-1}$；

根据污染物风险计算模型可见，在计算健康风险度时，需满足以下满条件：①对环境污染物进行危害识别，确定污染物质性质，判定风险计算模型；②根据暴露评价获取日均暴露剂量水平；③通过资料检索获取致癌、非致癌污染物的致癌强度系数以及参考剂量。据此，将此阶段所需的参数及获取方式总结如表 3-3 所示。

表 3-3 健康风险表征所学的参数及中间指标

指标/参数	参数获取方式
污染物性质	查阅 IARC 化学物质致癌性分类数据库
日均暴露剂量	通过暴露评价获取这一中间指标
参考剂量	查询 USEPA 的 IRIS 数据库及文献回顾
致癌强度系数	查询 USEPA 的 IRIS 数据库及文献回顾

（3）风险计算模型的相关参数

①呼吸吸入致癌斜率因子（SF_i）与参考剂量（RfC）

呼吸吸入致癌斜率因子（SF_i），可优先根据呼吸吸入单位致癌因子（URF）外推计算得到；呼吸吸入参考剂量（RfD_i），可根据呼吸吸入参考浓度（RfC）外推计算得到。分别采用公式 3-3 和 3-4 两式计算得到：

$$SF_i = \frac{URF \times BW_a}{DAIR_a} \tag{3-3}$$

$$RfD_i = \frac{RfC \times DAIR_a}{BW_a} \qquad (3-4)$$

式 3-3 和式 3-4 中，SF_i——吸入致癌斜率因子，$(mg/kg \cdot d)^{-1}$；

RfD_i——呼吸吸入参考剂量，$mg/kg \cdot d$；

URF——呼吸吸入单位致癌因子，$(g/m^3)^{-1}$；

RfC——呼吸吸入参考浓度，mg/m^3；

$DAIR_a$——成人每日空气呼吸量，m^3/d；

$DAIR_c$——儿童每天空气呼吸量为，m^3/d；

BW_a——成人体重参数，kg。

在实际应用中，若在表 3-4 未找到相应的呼吸收入单位致癌因子（URF）和呼吸吸入参考浓度（RfC），在计算呼吸吸入致癌斜率因子（SF_i）和呼吸吸入参考剂量（RfD_i）·时，则采用表 3-4 中的 SF_i 和 RfD_i 中的参数值。

②皮肤接触致癌斜率系数（SF_d）及参考剂量（RfD_d）

皮肤接触致癌斜率系数，可优先根据经口摄入致癌斜率系数计算得到；皮肤接触参考剂量（RfD_d），可优先根据经口摄入参考剂量计算得到，如：

$$SF_d = \frac{SF_o}{ABS_{GI}} \qquad (3-5)$$

$$RfD_d = RfD_o \times ABS_{GI} \qquad (3-6)$$

式 3-5 和式 3-6 中，SF_d——皮肤接触致癌斜率因子，$(mg/kg \cdot d)^{-1}$；

SF_o——经口摄入致癌斜率因子，$(mg/kg \cdot d)^{-1}$；

RfD_o——经口摄入参考剂量，$(mg/kg \cdot d)^{-1}$；

RfD_d——皮肤接触参考剂量，$(mg/kg \cdot d)^{-1}$；

ABS_G——皮肤吸收效率因子，无量纲，取值见表 3-4 所示。

表 3-4　重金属污染物的毒性参数

化合物	经口摄入 SFo	呼吸吸入 SFi	皮肤接触 SFd	经口摄入 RfDo	呼吸吸入 RfDi	皮肤接触 RfDd	呼吸吸入 RfC	呼吸吸入 URF	皮肤接触 ABSd	消化道吸收 ABSGI
	$(mg/kg/d)^{-1}$	$(mg/kg/d)^{-1}$	$(mg/kg/d)^{-1}$	mg/kg/d	mg/kg/d	mg/kg/d	mg/m^3	$(g/m^3)^{-1}$	—	—
镉	3.80×10^{-1}	—	3.80×10^{-1}	1.00×10^{-3}	1.00×10^{-3}	1.00×10^{-5}		1.80×10^{0}	1.00×10^{-3}	2.50×10^{-2}
汞	—	—	—	3.00×10^{-4}	8.57×10^{-5}	2.10×10^{-5}			1.00×10^{-3}	7.00×10^{-2}
砷	1.50×10^{0}	—	1.50×10^{0}	3.00×10^{-4}	8.60×10^{-6}	1.23×10^{-4}		4.30×10^{0}	3.00×10^{-2}	1.00×10^{0}
总铬	—	—	—	3.00×10^{-3}	2.90×10^{-5}	1.50×10^{0}		1.20×10^{1}	1.00×10^{-3}	1.30×10^{-2}
六价铬	4.2×10^{1}	—	4.20×10^{1}	3.00×10^{-3}	—	3.00×10^{-3}	8.00×10^{-6}	1.20×10^{1}	1.00×10^{-3}	2.50×10^{-2}
镍	—	9.01E-01	—	2.00×10^{-2}	2.60×10^{-5}	5.40×10^{-3}		2.40×10^{-1}	1.00×10^{-3}	4.00×10^{-2}
锌	—	—	—	3.00×10^{-1}	3.00×10^{-1}	6.00×10^{-2}		—	1.00×10^{-3}	1.00×10^{0}
硒	—	—	—	5.00×10^{-3}	5.70×10^{-5}	2.20×10^{-3}			1.00×10^{-3}	1.00×10^{0}
钒	—	—	—	7.00×10^{-3}	1.40×10^{-5}	7.00×10^{-3}			1.00×10^{-3}	1.00×10^{0}
锑	—	—	—	4.00×10^{-4}	1.40×10^{-5}	8.00×10^{-6}			1.00×10^{-3}	1.50×10^{-1}

2. 暴露评价模型

暴露评价是对人体暴露于环境介质中有害因子的强度、频率、时间进行测量、估算或预测的过程。暴露评价是进行风险评价的定量依据，接触人群的特征鉴定与被评价物质在环境介质中浓度与分布的确定，是暴露评价中相关联且不可分割的两个组成部分。此部分内容通过暴露评价，计算风险评价所需的中间指标——日均暴露剂量。

（1）暴露评价方法

关于暴露情况资料调查的方法主要分为直接法和间接法两种：

直接法包括个体监测和生物监测。个体监测是测量一定时间内个人身体接触污染物的平均浓度的方法，是暴露测量中最典型、使用最广泛的方法。生物监测是一种直接测量尿液、头发、指甲、唾液、血液或母乳等生物介质中污染物质内暴露剂量的重要方法，可反映出一段时间内通过皮肤、饮食、呼吸等各种暴露途径进入人体内的污染物累积暴露量。

间接法是通过直接利用环境监测站的污染物浓度资料、对不同人口学特征人群在不同环境中停留的时间及活动方式进行情景模拟，并综合采用问卷调查法、时间活动模式日记法或利用统计模型等方法，进行污染物人群暴露浓度估算。

直接法虽然具备评价准确性高的特点，但由于在测量过程中，需要耗费大量的人力、物力，且很难在大规模人群内开展。因此，许多学者对暴露评价模型进行了研究。

（2）暴露评价模型

近年来，国外发达国家在暴露评价模型的研究方面取得了较快的发展。USEPA 于 1987 年成立了暴露评价模型中心（CLEM），提出了针对不同来源和不同介质中污染物暴露水平的评价模型，包括地下水模型、地表水模型、食物链模型以及多介质模型等。人体对重金属污染物的主要暴露途径暴露：经呼吸道摄入（大气）、经口摄入（膳食、饮水、土壤/尘）、皮肤摄入（水、土/尘）。因此，采用 USEPA 推荐的暴露模型，分别计算各暴露途径的日均暴露剂量及多暴露途径下的总暴露。

①大气重金属经呼吸道暴露途径

$$ADD_{\text{inh}} = \frac{C_{\text{air}} \times IR \times EF \times ED}{BW \times AT} \qquad (3\text{-}7)$$

式中，C_{air}——大气中重金属浓度，mg/m³；

　　　IR——呼吸速率，m³/d；

　　　EF——暴露频率，d/a；

　　　ED——暴露持续时间，a；

　　　BW——体重，kg；

　　　AT——平均接触时间，d。

②消化道暴露途径

①饮用水经口摄入途径

$$ADD_{\text{oral-water}} = \frac{Cw \times IR \times EF \times ED}{BW \times AT} \qquad (3\text{-}8)$$

式中，Cw——饮用水中重金属浓度，mg/L；

　　IR——饮水摄入率，L/d；

　　EF——暴露频率，d/a；

　　ED——暴露持续时间，a；

　　BW——体重，kg；

　　AT——平均接触时间，d。

　　②土壤经手—口途径摄入

$$ADD_{\text{oral-soil}} = \frac{Cs \times IR \times CF \times FI \times EF \times ED}{BW \times AT} \tag{3-9}$$

式中，Cs——土壤中重金属浓度，mg/kg；

　　IR——摄取速率，mg/d；

　　CF——转化因子，10^{-6}kg/mg；

　　FI——被摄取污染源的比例，范围 0.0～1.0；

　　EF——暴露频率，d/a；

　　ED——暴露持续时间，a；

　　BW——体重，kg；

　　AT——平均接触时间，d。

　　③食品经口摄入途径

$$ADD_{\text{oral-soil}} = \frac{Cs \times IR \times FI \times EF \times ED}{BW \times AT} \tag{3-10}$$

式中，Cs——粮食中重金属浓度，mg/kg；

　　IR——摄入率，mg/d；

　　FI——被摄取污染源的比例（无量纲），范围 0.0～1.0；

　　EF——暴露频率，d/a；

　　ED——暴露持续时间，a；

　　BW——体重，kg；

　　AT——平均接触时间，d。

（3）皮肤接触暴露途径

①接触土壤的皮肤暴露途径

$$ADD_{\text{d}} = \frac{Cs \times CF \times SA \times AF \times ABS \times EF \times ED}{BW \times AT} \tag{3-11}$$

式中，Cs——土壤中重金属浓度，mg/kg；

　　CF——转化因子，10^{-6}kg/mg；

　　SA——皮肤接触面积，cm^2；

　　AF——皮肤对土壤的黏附因子，mw/cm^2；

　　ABS——皮肤对重金属的吸收因子，无量纲；

　　EF——暴露频率，d/a；

ED——暴露持续时间，a；

BW——体重，kg；

AT——平均接触时间，d。

②接触水的皮肤暴露途径

$$ADD_d = \frac{C_w \times CF \times SA \times PC \times ET \times EF \times ED}{BW \times AT}$$ （3-12）

式中，C_w——水体中重金属浓度，mg/kg；

CF——转化因子，$1L/1000cm^3$；

SA——皮肤接触面积，cm^2；

PC——重金属的皮肤渗透常数，cm/h；

ET——暴露时间，h/d；

EF——暴露频率，d/a；

ED——暴露持续时间，a；

BW——体重，kg；

AT——平均接触时间，d。

（4）暴露参数[①]

环境介质浓度和人体暴露参数是开展暴露评价的关键要素，其中人体暴露参数是环境健康风险评价的主要因子，暴露参数选用的准确性是决定健康风险评价准确性和科学性的关键因素之一，暴露参数具有明显的地域和人种特征。

美国、欧盟、日本等均根据本土居民的特点编制了暴露参数手册，而我国直至 2014 年方发布了《中国人群暴露参数手册（成人卷）》（环境保护部，2013），且一些参数仍借鉴国外推荐值，例如土壤摄入率。过去的暴露评价主要引用国外资料或国内仅有的少量资料中提取，成人暴露参数手册的发布为未来中国环境健康风险评价奠定了良好的基础。此外，我国儿童暴露参数正处于调查阶段，"儿童暴露参数手册"尚未正视出炉。重金属暴露评价涉及的暴露参数包括体重和期望寿命两个基本参数，以及呼吸速率、摄入率、皮肤表面积，以及时间活动模式参数等。

①基本参数

a. 居民体重

我国卫生部、科技部和国家统计局于 2002 年对全国 31 个省（自治州、直辖市）的 27 万余名受试者开展的"中国居民营养与健康状况调查"和中国疾病预防控制中心于 1959—2004 年对我国九省市的 2 万人的膳食和营养调查结果对居民体重的研究提供了重要的数据支撑，（段小丽等，2012）对上述数据进行整理分析后，得出我国居民体重值如表 3-5 所示。

---

① 由于书稿编写之初，《中国人群暴露参数手册》尚未公布，书中取值多参考段小丽（2012），但可能与最终发布的《中国人群暴露参数手册（成人卷）》有所差别。此后，暴露评价的相关参数以最新参数为准。

表 3-5　中国居民的体重值

年龄	体重/kg		年龄	体重/kg		年龄	体重/kg	
	男	女		男	女		男	女
1 个月	5.35	5.25	3 岁	15.15	14.60	16 岁	55.10	50.70
2 个月	6.25	5.80	4 岁	16.90	16.25	17 岁	56.80	51.55
3 个月	7.00	6.55	5 岁	18.70	18.05	18 岁	58.85	51.80
4 个月	7.55	7.05	6 岁	20.80	19.90	19 岁	60.00	52.05
5 个月	8.15	7.50	7 岁	23.25	21.90	20 岁	63.75	53.20
6 个月	8.65	8.20	8 岁	25.55	24.45	30 岁	63.35	55.70
8 个月	9.35	8.85	9 岁	28.25	27.00	40 岁	65.00	57.60
10 个月	9.85	9.00	10 岁	31.20	30.50	50 岁	63.85	57.60
12 个月	10.15	9.75	11 岁	34.65	34.25	60 岁	62.40	55.20
15 个月	10.65	9.95	12 岁	37.95	38.15	70 岁	59.50	51.80
18 个月	11.35	10.70	13 岁	42.10	42.50	80 岁	56.45	47.45
21 个月	12.05	11.35	14 岁	47.25	45.65	成人平均	62.70	54.40
2 岁	13.15	12.30	15 岁	51.90	48.75			

b. 期望寿命

我国各地区的平均期望寿命为 64.37～78.14 岁，因区域经济社会发展水平和居民营养状况的不同，存在区域性差异，如表 3-6 所示。

表 3-6　我国各地区居民的期望寿命

地区	男	女	平均	地区	男	女	平均
安徽	70.18	73.59	71.85	江西	68.37	69.32	68.95
北京	74.33	78.01	76.1	吉林	71.38	75.04	73.1
重庆	69.84	73.89	71.73	辽宁	71.51	75.36	73.34
福建	70.03	75.07	72.55	宁夏	68.71	71.84	70.17
甘肃	66.77	68.26	67.47	青海	64.55	67.7	66.03
广东	70.79	75.93	73.27	陕西	68.92	71.3	70.07
广西	69.07	73.75	71.29	山东	76.26	71.7	73.92
贵州	64.54	67.57	65.96	上海	76.22	80.04	78.14
海南	70.66	75.26	72.92	山西	71.65	69.96	73.57
河北	70.68	74.57	72.54	四川	69.25	73.39	71.2
黑龙江	70.39	74.66	72.37	天津	73.31	76.63	74.91
河南	69.67	73.41	71.54	西藏	62.52	66.15	64.37
湖北	69.31	73.02	71.08	新疆	65.98	69.14	67.41
湖南	69.05	72.47	70.66	云南	64.24	66.89	65.49
内蒙古	68.29	71.79	69.87	浙江	72.5	77.21	74.7
江苏	71.69	76.23	73.91	全国平均	69.63	73.33	71.4

②呼吸暴露参数

呼吸速率是计算空气中重金属污染物经呼吸暴露剂量必不可少的参数之一，受年龄、性别、身体条件、生理状况以及活动条件等因素的影响，常见的确定方法包括直接测量法、心律—呼吸速率回归法和人体能量代谢估算法三种（USEPA，2011）。研究表示公式预测值与实测值均有良好的相关性，并计算我国不同年龄、性别、活动强度以及分地区的呼吸速率。因重金属污染具有长期累积性，故采用长期暴露呼吸速率（表 3-7）。

表 3-7　我国居民呼吸速率

年龄/岁	男性		女性	
	样本数/人	平均值/（m³/d）	样本数/人	平均值/（m³/d）
1～2	35	4.7	34	5.4
3～5	168	5.9	124	6.4
6～8	161	9.1	155	8.1
9～11	193	10.6	171	9.5
12～14	206	12.2	239	10.6
15～18	239	13.5	162	10.8
19～44	2130	13.9	2261	11.8
45～64	1874	13.7	1995	11.8
>64	686	11.8	787	10.2

③经口暴露参数

重金属经口暴露主要涉及以下几种途径：①食品/饮水经口摄入；②土壤/尘经手—口途径的摄入。膳食摄入率是主要暴露参数，其主要通过问卷调查形式获得。根据多次全国范围内的营养与健康状况调查数据，我国居民对各类食物的日均摄入量如表 3-8 所示。

表 3-8　我国居民对不同种类食物的摄入量

食物种类	不同年龄段的食物摄入量/（g/d）		
	儿童	青少年	成年人
谷类	93	378.1	463.8
薯类	2.1	35.6	41.9
豆类	49.8	16.1	19.5
蔬菜类	103.8	293.4	355
腌菜	24.2	3.5	5.1
水果	0.6	32.7	25.6
肉类	43.5	60.6	77.5
奶及其制品	26.8	3	12.2
蛋及其制品	12.5	13.9	25.9
鱼虾类	15.4	13.9	30.1

　　在土壤经口暴露参数方面，我国的研究相对薄弱，2000 年国家疾病预防控制中心毒物与疾病控制处的全体研究专家对土壤/尘摄入、土壤/尘异食行为，以及食土癖等概念进行界定，并提科学区分不同摄入模式下人群土壤/尘的摄入（表 3-9）。其中，土壤/尘摄入是指可能通过各种行为包括（但不限于）吞食、接触占灰尘的手、食用掉在地上的食物或者直接吞食土壤/尘而消耗的土壤/尘；土壤/尘异食行为是指重复性地摄入高于一般水平的土壤/尘；食土行为是指故意摄入土壤/尘。

表 3-9　我国人群土壤/尘的摄入率

年龄组	土壤/尘 a			尘土 b	土壤/尘+尘土
	普通人群	土壤/尘偏好者	食土行为	普通人群	普通人群
6～12 个月	30	—	—	30	60
1～6 岁	50	1 000	50 000	60	100c
6～21 岁	50	1 000	50 000	60	100c
成年人	50	—	50 000	—	—

注：—缺失值；a 包括土壤/尘及源于室外的尘土；b 源于室内的尘土；c 总值为 110，换算后为 100。

（5）皮肤暴露参数

　　皮肤重金属暴露的暴露参数是化学物质的皮肤渗透系数（mg/cm^2）和皮肤比表面积（cm^2），其中皮肤面积是关键参数，其确定方法包括直接测量法和根据身高、体重的间接测量法。皮肤面积受年龄、季节等因素的影响，不同季节我国人群的皮肤面积如表 3-10 所示。

表 3-10　不同季节中国人皮肤暴露面积　　　　　　　　单位：cm^2

	冬				春、秋				夏			
	城		乡		城		乡		城		乡	
	男	女	男	女	男	女	男	女	男	女	男	女
<6 岁	0.026	0.025	0.025	0.024	0.053	0.051	0.05	0.049	0.132	0.127	0.126	0.122
6～18 岁	0.048	0.047	0.045	0.043	0.097	0.094	0.089	0.087	0.242	0.235	0.223	0.217
18～60 岁	0.088	0.079	0.084	0.077	0.176	0.157	0.168	0.154	0.439	0.393	0.421	0.385
>60 岁	0.085	0.076	0.08	0.072	0.171	0.153	0.159	0.143	0.427	0.381	0.398	0.359

　　土壤/尘的皮肤接触是重金属暴露的一个重要途径，除皮肤表面积外，尘土—皮肤黏附系数是必需参数之一。因缺少基于我国人群的本土数据结果，根据 USEPA 暴露参数手册列出的不同环境下，不同人群身体部分的尘土—皮肤黏附系数推荐值（表 3-11）进行此途径的暴露评价。此外，皮肤对不同重金属的吸收因子不甚相同，根据我国《污染场地评估技术导则》可知，皮肤对铅的吸收效率因子最低，为 0.000 03，对砷的吸收效率因子最高，为 0.01，对镉、总铬、Cr^{6+}的吸收效率因子相同，均为 0.001。

表 3-11　尘土—皮肤黏附系数推荐值　　　　　　　　　单位：mg/cm^2

	脸	手臂	手	腿	脚
儿童					
居所内	—	0.004 1	0.011	0.003 5	0.010
托儿所（室内外）	—	0.024	0.099	0.020	0.071
室外运动	0.012	0.011	0.11	0.031	—
室内运动		0.001 9	0.006 3	0.002 0	0.002 2
涉土运动	0.054	0.046	0.17	0.051	0.2
泥地玩耍	—	11	47	23	15
湿土地	0.04	0.17	0.49	0.7	21
成人					
室外运动	0.031 4	0.087 2	0.133 6	0.122 3	—
涉土活动	0.024	0.037 9	0.159 5	0.081 9	0.139 3
建筑工地	0.098 2	0.185 9	0.276 3	0.066	—

而对于水中重金属的皮肤接触暴露而言，皮肤渗透率是关键参数之一，且由于重金属性质的不同，其渗透率存在差别，其中铅和汞的皮肤渗透率分别为为 4×10^{-6}cm/h 和 1×10^{-3}cm/h，其他重金属由于没有相关界定，均采用水的皮肤渗透系数 1×10^{-3}cm/h。

3. 环境浓度评估模型

暴露评价模型中，需要具备人体接触各环境介质的浓度。然而，重金属污染并未纳入我国环境监测的常规监测工作，因此尚需要对环境介质浓度进行估算在暴露评价中，环境介质中污染物的浓度主要包括空气、饮水、食物、土壤（灰尘）等介质中的浓度。据此，环境浓度分布模型由大气浓度分布模型、灰尘浓度估算模型、土壤浓度分布模型和食物浓度估算模型组成。

（1）大气浓度分布模型

根据资料的可获得情况，选择不同的扩散模型进行大气重金属浓度的估算：

在全国层面的宏观尺度上，难以准确定位污染源的信息，以及获取翔实的地球物理资料、气象资料等，与此同时，考虑到重金属具有累积性，研究重金属污染对人体健康的影响一般考虑其长期积累的效应。据此，重金属污染物浓度的确定一般需考虑长期平均浓度的情况，可选用箱体模型估算大气重金属污染物浓度，计算公式详见公式 3-9～3-12。在省级层面上，由于相关资料比较精确，因此采用精确度更高的 CALPUFF 模型进行模拟。

（2）灰尘浓度估算模型

大气中的重金属主要通过大气传输与沉降作用沉降到地表和水体，依其沉降方式分为干沉降、湿沉降。CALPUFF 等大气扩散模型可以估算颗粒物的干湿沉降量，也可以通过式 3-13 计算：

①干沉降

现有的干沉降模型大多基于颗粒物大小和下垫面类型的函数（Zhang，2001；Petroff，2008；Wesely，2000；Zhang，2009）。干沉降量与大气浓度成正比，与混合层高度成反比，可以表示为：

$$F_{\text{dry}} = -v_d \frac{Q}{h}$$　　　　　　（3-13）

式中，F_{dry}——干沉降通量，$\text{g/m}^2 \cdot \text{s}$；

　　　　v_d——干沉降率，m/s；

　　　　Q——排放浓度，g/m^3；

　　　　h——混合层高度，m。

　　式中，干沉降速率受到颗粒物重力沉降的影响（Seinfeld，1998），可以通过以下模型进行计算（Slinn，1980；Slinn，1982）：

$$V_d = \frac{1}{r_a + r_b + r_a r_b V_g} + V_g$$　　　　　　（3-14）

式中，r_a——参考高度处的空气动力阻力，s/m；

　　　　r_b——层流底层阻力，s/m；

　　　　V_g——不同颗粒物的重力沉降速度，m/s。

　　式中，空气动力阻力、层流底层阻力和不同颗粒物的重力沉降速度可通过下列公式计算：

a. 空气动力阻力

$$r_a = \frac{U(z_d) - U(z_1)}{u_*^2}$$　　　　　　（3-15）

式中，U——平均风速，m/s；

　　　　z_d——参考高度，m；

　　　　z_1——层流底层高度，m；

　　　　u_*——摩擦速度，m/s。

　　而摩擦速度 u_* 与测量高度、地表粗糙程度等参数有关，其计算公式为：

$$u_* = Uk / \ln \frac{z + z_0}{z_0}$$　　　　　　（3-16）

式中，k——卡尔曼常数（取 0.4）；

　　　　z——测量高度，m；

　　　　z_0——地表粗糙度，m。

b. 层流底层阻力

层流底层阻力可以表示为 Schmidt 数（Sc）和 Stokes 数（St）的函数：

$$r_b = \frac{1}{(E_{\text{br}} + E_{\text{im}} + E_{\text{in}})u_*}$$　　　　　　（3-17）

　　式中，E_{br}、E_{im} 和 E_{in} 分别为布朗运动、惯性碰撞和拦截的收集速率。这三个参数分别可通过下列公式进行计算：

$$E_{\text{br}} = S_c^{-r}$$　　　　　　（3-18）

$$S_c = v/D$$　　　　　　（3-19）

$$D = k_B T C_c / 12\pi\mu r \tag{3-20}$$

式 3-18～3-19 中，γ 的取值取决于地表粗糙度；

v ——空气动力黏性系数，m^2/s；

D ——污染物在空气中的布朗扩散参数，cm^2/s；

k_B ——玻耳兹曼常数，$J \cdot K^{-1}$；

T ——热力学温度，℃；

C_c ——坎宁安修正系数，无量纲；

μ ——动力黏度系数，$Pa \cdot s$；

r ——颗粒物半径。

对于植被覆盖面，Eim 可以用以下公式计算（Nho-Kim，2004；Peters，1992）：

$$E_{im} = \left(\frac{St}{S_t + \alpha}\right)^\beta \tag{3-21}$$

式中，α 和 β 是由实验数据得出的常数。

$$E_{in} = F\left(\frac{d_p}{d_p + \check{A}}\right) + (1 - F)\left(\frac{d_p}{d_p + \hat{A}}\right) \tag{3-22}$$

式中，$\check{A}$ 和 $\hat{A}$ 分别取 10 μm 和 1 mm；

F 取 0.01（Slinn，1982）；

d_p 为颗粒物直径，1 μm。

c. 重力沉降速度

重力沉降速度可以使用下列公式进行计算：

$$V_g = \frac{d_p^2 \rho_p g}{18\mu} C_c \tag{3-23}$$

$$C_c = 1 + \frac{2\lambda}{d_p}[1.257 + 0.4\exp(-0.55\frac{d_p}{\lambda})] \tag{3-24}$$

$$\lambda = \frac{2\mu}{P\left(\dfrac{8M_a}{\pi RT}\right)^{0.5}} \tag{3-25}$$

式 3-23～3-25 中，ρ_p ——空气密度，g/cm^3；

g ——重力加速度，m/s^2；

P ——大气压，kPa；

λ ——空气的平均分子自由程，无量纲；

R ——气体常数，$J/mol \cdot K$；

M_a ——空气分子量，无量纲。

②湿沉降

大气湿沉降按照下式进行计算：

$$F_{wet} = r_{wet}c \qquad (3-26)$$

$$r_{wet} = AR_p^B \qquad (3-27)$$

式 3-26～3-27 中，C——大气重金属浓度，g/m^3；

r_{wet}——湿沉降系数，s/m；

R_p——地区降雨量，mm/m^2；

A 和 B——经验常数，无量纲。

（3）土壤浓度估算模型

土壤是一个开放系统，土壤与水、空气、生物、岩石等环境要素之间存在物质交换，污染物进入环境后通过各环境要素间的物质交换造成土壤污染。影响土壤系统重金属累积的外源因子主要有：大气中重金属污染物的干湿沉降，以及水体中重金属的迁移灌溉、洪水泛滥。计算土壤浓度的数学表达式及相关参数如公式 3-14～3-17 所示。

（4）食物浓度估算模型

存在于土壤、水体中的重金属，可以通过植物的富集作用积累在谷类、鱼类、蔬菜、水果等食物中，并通过饮食进入到人体中。为了定量化计算重金属物质在食品中的浓度，采用富集系数α，其表征为：食物中重金属含量与周围环境中重金属含量的比值，表示重金属物质在食物中的富集程度。其数学表达式为：

$$C_F(i) = \alpha(i) \times C(j) \qquad (3-28)$$

式中，C_F——食品中重金属污染物含量，mg/kg；

α——环境介质中的重金属在食品中的富集系数 mg/kg；

C——重金属在环境介质中的浓度，mg/kg；

i——食品的种类，无量纲；

j——环境介质的种类，无量纲。

4. 重金属污染排放模型

重金属环境介质浓度分布的获取，必须有完善的重金属排放清单资料，因此有必要建立区域重金属污染排放清单。污染源排放清单能定量分析各种污染源所排放污染物的排放总量及其时空分布，是描述污染物排放特征的有效方法。污染物排放模型主要用于计算污染源排放的大气和废渣中重金属的排放量，本书选用物料衡算法计算。由于大气中重金属污染物来源不同，根据排放行业的不同，将大气排放分为燃煤源和非燃煤源两类：

（1）燃煤源大气重金属排放量的估算

中国燃煤源大气重金属排放量的计算公式表示如下：

$$E_{i,j,k} = C_{i,j,k}F_{i,j,k}EF_{i,j,k}(1 - P_{DC(i,j,k)})(1 - P_{FDC(i,j,k)}) \qquad (3-29)$$

式中，$E_{i,j,k}$——大气重金属 i 的排放量，t；

　　　$C_{i,j,k}$——消费原煤中的重金属 i 含量，mg/kg；

　　　$F_{i,j,k}$——原煤消费量，t；

　　　$EF_{i,j,k}$——煤燃烧过程释放的重金属 i 的含量，g/kg；

　　　$P_{DC(i,j,k)}$——除尘设备对重金属 i 的去除效率，%；

　　　$P_{FDC(i,j,k)}$——脱硫设备对重金属 i 的去除效率，%；

　　　i——重金属的种类；

　　　j——（市、自治州）；

　　　k——排放源，由经济部门、燃烧设备、除尘和脱硫装置划分。

（2）有色金属冶炼大气重金属排放量估算

有色金属冶炼的焙烧、熔炼等过程都是高温状态，矿石中重金属在这些过程中被大量释放出来，不同的行业活动水平及冶炼技术方法对重金属的释放产生重要的影响。

$$E_s = Q_s \times C_m \times (1 - f_n) \tag{3-30}$$

式中，E_s——冶炼过程中重金属排放量，t；

　　　Q_s——冶炼产品产量，t；

　　　C_m——在特定技术 m 下的重金属排放系数，g/Mg；

　　　f_n——不同 PM 去除技术（n）下的污染物去除率，%。

（3）其他排放源大气重金属排放量的估算

大气重金属其他人为源主要包括：钢铁生产、水泥生产、燃油等，其排放量的估算方法为各行业的产量与相应行业的铅排放因子的乘积，计算公式如下：

$$E_j = M_{ij}F_{ij} \tag{3-31}$$

式中，E_j——其他源大气重金属排放量，t；

　　　M——燃料消费量或产品产量，t；

　　　F——大气重金属排放因子，g/Mg；

　　　i——不同的市、自治区，无量纲；

　　　j——排放源类型，无量纲。

（4）机动车汽油燃烧重金属排放的估算

对于重金属铅而言，机动车燃油是环境铅污染的来源之一。因此，区域排放量计算时，还要考虑这一来源的贡献。目前，机动车汽油燃烧所产生的大气铅排放主要的估算方法，是在燃料消耗和相应的排放因子的基础上所进行的（EEA，2009；EPA，1995；NPI，2000）。污染物的排放主要依赖于相应的国家排放标准和汽油中的铅含量。因此，我们采用了以下公式来计算铅在机动车汽油燃烧中的排放量：

$$E_g = 0.76 \times K_{Pb} \times Q_g \tag{3-32}$$

式中，E_g——车辆所消耗的汽油中的铅的排放量，t；

　　　K_{Pb}——汽油中铅的含量，g/L；

Q_g——汽油的消耗量，t；

0.76 是指汽油中所含的铅有 76% 被排放到空气中。

在不同时期，国家排放标准及汽油含铅量不同。中国自 2000 年 7 月 1 日停止使用含铅汽油，并规定用于机动车辆的无铅汽油的含铅量不超过 0.005 g/L（GB 17930—1999）。因此，本研究中 Kpb 的参数，赋值为各时期的国家对汽油含铅量的限制值，如：2001—2009 年的无铅汽油被选定为 0.005 g/L，1991—2000 年含铅汽油值为 0.35 g/L（GB 484—89）和 1965—1990 年含铅汽油值为 0.64 g/L（GB 484—64）。

5. 重金属环境与健康风险综合评价模型

根据分析研究，最终形成了由污染物排放模型、环境浓度分布模型、暴露评价模型和环境健康风险度计算模型四个子模型组成重金属环境健康风险分级模型（图 3-3）。

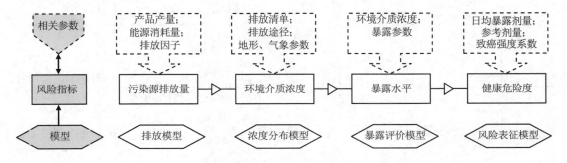

图 3-3　重金属环境健康风险评价综合模型

6. 综合评价模型所需参数及获取方法

重金属环境与健康风险分级所需的参数涉及健康风险评价"四步法"中各环节的相关参数。根据国家癌症协会化学物质的分类标对各种金属的分类结果，分别采用非致癌风险模型（公式 3-1）和致癌风险模型（公式 3-2）计算健康危险度，相关参数总结如表 3-12 所示。

由表 3-12 可见，单位体重日均暴露剂量（ADD）是关键参数之一，可通过暴露评价获得。环境介质浓度和暴露参数是开展暴露评价的两大基本要素。人群暴露参数不存在重金属种类间的差异，但与暴露途径密切相关。人群对环境重金属的暴露途径包括呼吸吸入、经口摄入和皮肤接触三种途径，三种暴露途径下的暴露评价，既有共性参数，也有特异性参数（表 3-13）。

从表 3-13 中可看出，环境介质浓度是人群重金属暴露的决定要素之一。当具备环境监测数据时，可直接使用现有监测数据；然而，当前我国的现实情况是，环保、卫生两大环境监测体系，均未将重金属纳入其常规监测体系，因此需要借助模型获取环境介质重金属浓度。在全国的宏观尺度上，在资料可及的情况下，可采用 WRF-Chem 模型；在省级的中尺度范围内可选用基于网格的 CAPUFF 模型进行模拟。此外，由于环境铬主要来源于废水的排放，因此尚需考虑水体铬的污染情况。

　　无论是 WRF-Chen 模型和 CAPUFF 模型，其基础工作都是分析区域涉重污染源的排放清单，因此基于排放因子法的排放模型中不同重金属参数至关重要（表 3-14）。

表 3-12　重金属环境健康风险计算所需参数及取值

重金属种类	IARC 分类结果		风险计算模型	相关参数	参数取值
	物质	分类结果			
铅（Pb）	无机铅化合物	2A 类	$HQ = \dfrac{D}{RfD}$	单位体重日均暴露剂量 D，mg/kg·d	暴露评价
	有机铅化合物	3 类		推荐参考剂量 RfD，mg/kg·d	0.001 4
	金属铅	2B 类			
镉（Cd）	镉化合物	1 类	$R = SF \times ADD$	单位体重日均暴露剂量 ADD，mg/kg·d	暴露评价
	金属镉	1 类		致癌斜率因子 SF，mg/kg·d	呼吸吸入：——　经口摄入：3.80×10^{-1}　皮肤接触：3.80×10^{-1}
铬（Cr）	四价铬化物	1 类	$R = SF \times ADD$	单位体重日均暴露剂量 ADD，mg/kg·d	暴露评价
				致癌斜率因子 SF，mg/kg·d	——
	铬及 Cr^{3+} 化物	3 类	$HQ = \dfrac{D}{RfD}$	单位体重日均暴露剂量 D，mg/kg·d	暴露评价
				推荐参考剂量 RfD，mg/kg·d	呼吸吸入：2.90×10^{-5}　经口摄入：3.00×10^{-3}　皮肤接触：1.50×10
砷（As）	砷及无机砷化物	1 类	$R = SF \times ADD$	单位体重日均暴露剂量 ADD，mg/kg·d	暴露评价
				致癌斜率因子 SF，mg/kg·d	呼吸吸入：——　经口摄入：1.50×10　皮肤接触：1.50×10
汞（Hg）	甲基汞	2B 类	$HQ = \dfrac{D}{RfD}$	单位体重日均暴露剂量 D，mg/kg·d	暴露评价
	汞及无机汞	3 类		推荐参考剂量 RfD，mg/kg·d	呼吸吸入：8.57×10^{-5}　经口摄入：3.00×10^{-4}　皮肤接触：2.10×10^{-5}

表 3-13 重金属暴露评价相关参数

暴露途径	暴露类型	特异性参数	参数来源	共性参数	参数来源
呼吸吸入	大气—呼吸道	大气重金属浓度 C_i 呼吸速率 IR_i 暴露频率 EF 暴露持续时间 ED 平均暴露时间 AT	中国暴露参数手册 实测或模型模拟 实测或国外参数	体重 期望寿命	实测或文献 卫生统计年鉴
经口摄入	饮水—消化道	饮水重金属浓度 C_w 饮水摄入率 IR_w 暴露频率 EF 暴露持续时间 ED 平均暴露时间 AT	中国暴露参数手册 实测或国外参数		
	饮水—消化道	食品重金属浓度 C_f 食品摄入率 IR_f 暴露频率 EF 暴露持续时间 ED 平均暴露时间 AT	中国暴露参数手册 实测或国外参数		
	土/尘—消化道	土/尘重金属浓度 C_s 土/尘摄入率 IR_s 暴露频率 EF 暴露持续时间 ED 平均暴露时间 AT	实测或模型模拟 实测或国外参数		
皮肤接触	水/尘—皮肤摄入	皮肤比表面积 SA 皮肤渗透常数 PC 暴露时间 ET 体积转化因子 CF 环境介质浓度 C_d 暴露频率 EF 暴露持续时间 ED 平均暴露时间 AT	中国暴露参数手册 实测或文献回顾		

表 3-14 区域重金属排放的计算方法及相关参数

排放类型		相关参数	计算公式
废气排放	燃煤源大气排放	原煤的消耗量 C 原煤中重金属含量 F 燃烧中重金属的释放量 EF 污控设备的去除率 P	$E = C \times F \times EF \times (1-P)$
	有色金属冶炼排放	冶炼产品的产量 Q 特定技术下重金属排放系数 C 设备的去除率 f	$E = Q \times C \times (1-f)$
	机动车汽油燃烧	汽油中重金属的含量 K 汽油消耗量 Q 汽油重金属摄入大气的比例 P	$E = P \times K \times Q$
	其他人为源排放	燃料消费或产品产量 M 大气重金属排放因子 F	$E = M \times F$
废渣排放		能源或产品的量 M 废水排放因子 F	$E = M \times F$
废水排放		能源或产品的量 M 废水排放因子 F	$E = M \times F$

五、重金属环境健康风险分级方法及标准

可接受风险水平是指综合考虑社会、经济、技术等原因而得到的评判环境污染导致人体健康风险是否可接受的标准。关于最大可接受风险水平，国际上尚未达成共识。目前，国际研究机构及人员对社会公众成员最大可接受风险水平及可忽略水平的研究成果，如表3-15 所示。多数国家都采用 10^{-6} 作为最大可接受风险水平，但 ICRP 将辐射的最大可接受风险水平规定为 10^{-5}，而在超基金计划场地风险评估中，将 10^{-6} 到 10^{-4} 作为风险可接受水平的范围，并规定这一范围为污染场地修复的依据，而将 10^{-7} 以下的风险界定为可忽略风险水平。

表 3-15　研究人员及机构推荐的最大可接受水平和可忽略水平

研究人员或机构	最大可接受水平（/a）	可忽略水平（/a）	污染物质
瑞典环境保护局	1×10^{-6}	—	化学物质
荷兰建设和环境部	1×10^{-6}	1×10^{-8}	
英国皇家协会	1×10^{-6}	1×10^{-7}	
MiIjostyre1sen（丹麦）	1×10^{-6}	—	
Gunnar Bengtsson	1×10^{-6}	1×10^{-6}	
Travis 等（美国）	1×10^{-6}	—	
IAEA	—	5×10^{-7}	辐射
ICRP	5×10^{-5}	—	

此外，根据 USEPA 规定，小型人群可接受的风险值为 $10^{-5}\sim10^{-4}$/a，社会人群可接受的风险值为 $10^{-7}\sim10^{-6}$/a。一般而言，环境风险值的可接受程度，对有毒有害工业以 1×10^{-6}/a 为背景值；人类遭受火灾、淹死、中毒的风险值为 1×10^{-6}/a，社会对此没有安全投资，仅告诫人们小心，是一种可接受的风险值；当风险值达 1×10^{-4}/a，则必须投资采取防范措施；1×10^{-3}/a 属不可接受风险值，必须立即采取改进措施。因此基于以上级别分类划分，在最低合理可行性框架下——即根据现有公众风险的最小限值确定风险分级界值标准（表3-16）。

表 3-16　各种风险水平级别划分标准

级别	风险水平（a^{-1}）	可接受程度
Ⅰ级	$R\geqslant10^{-4}$	不可接受，必须立即采取措施改进
Ⅱ级	$10^{-6}\leqslant R<10^{-4}$	可容忍风险，建议采取措施改进
Ⅲ级	$10^{-7}\leqslant R<10^{-6}$	可接受风险
Ⅳ级	$<10^{-7}$	可忽略风险，人们并不当心这类事故发生

六、重金属环境健康风险分级方法合理性分析

健康风险评价结果的准确性是风险分级科学性的保证，区域重金属环境健康损害事件

的发生频数在一定程度上反映区域重金属环境健康风险大小，因此在宏观尺度上运用重金属环境健康损害事件发生的空间分布来验证风险分级结果的准确性；在微观尺度上，依据国际经验采用常用的风险表征指标进行验证：铅暴露而言，血铅水平常作为风险的表征指标之一，例如美国 CDC 等对铅污染重点人群进行干预时，以儿童血铅水平作为筛选和干预的依据。目前，国际上常运用 IEUBK 模型和 ALM 模型预测儿童及成人血铅水平，且二者由于二者运用的参数与铅暴露人群健康风险度评价所运用的参数基本相同，为此通过比较实测血铅水平与模型预测血铅水平的一致性来验证风险评价的合理性；镉暴露而言，通常应用尿镉（≥15 μg/g 肌酐）、尿 NAG（≥17 μmol/g 肌酐）和尿-β2-微球蛋白（≥1 000 μg/g 肌酐）的三联阳性反应率来判定镉污染健康损害，为此对比待评价区域上述三联反应率与致癌风险水平的相对比较验证风险分级的合理。

第四章　全国铅污染环境健康风险分区研究

一、概述

全国层面的重金属污染健康风险分区研究贯彻落实重金属分类分区管理思路，根据区域重金属风险要素特征的空间分异，全国 31 个数据可及的省划分为不同的类型区，以指导制定差别化的管理政策；与此同时，开展全国层面的重金属物污染健康风险分级研究，目的在于确定各省的风险优先防控等级，进而根据分区分级结果，实施手段各异、管理强度不同的风险管理政策。其中，建立重金属污染排放清单是开展重金属污染健康风险分区的基础工作之一。

自 2006 年以来，中国已经相继发生了 40 余起重金属污染环境健康损害群体性事件：甘肃徽县水阳乡群众血铅超标事件（2006）、陕西蓝田陈沟岸村部分儿童血铅超标事件（2007）、广西河池市发生砷污染事件（2008）、湖南浏阳镉污染事件（2009）、陕西宝鸡凤翔县长清镇血铅超标事件（2009）等，其中 2006—2012 年，共发生 28 起儿童血铅超标事件，如附录 5 所示。可见，铅是导致我国重金属污染健康损害事件发生的首要致害因素，其在源和人群健康效应方面均具有代表性，因此选择污染物铅作为重金属污染的典型物质进行案例研究。从污染源角度看，导致健康损害事件的"涉铅企业"不局限于工艺水平落后的小企业，还包括符合国家产业政策、工艺技术水平先进的规模以上企业，重点行业涉及有色金属矿产或冶炼、铅酸蓄电池的生产或回收。从受害人群看，儿童为铅污染的主要受害者，由于铅暴露可对婴幼儿发育、智力造成不可逆的损伤，儿童铅中毒问题成为全社会普遍关注的重要问题。因此在全国层面上，选择污染物铅为典型物质开展案例研究，基本内容包括：①建立全国铅、镉、铬、汞和砷五种重金属的大气排放清单，为评估各评价单元的环境重金属污染提供数据支撑；②以铅为典型污染物，开展重金属环境健康风险分区研究，以分析重金属环境健康风险分区方法的合理性。

二、全国铅污染环境健康风险分区基本单元

根据第二章重金属环境健康风险分区原则中的不打破行政区原则，在全国层面上以省/直辖市为最小分区单元。考虑数据的可及性等，仅对 31 个分区单元进行分析（表 4-1）。

三、全国铅污染环境健康风险分区指标体系

将第二章提出的重金属环境健康风险分区方法应用于全国层面的铅污染健康风险分区研究。在这一宏观区域尺度上，忽略暴露环节对风险的影响，考虑区域涉铅污染源危险性、区域人群易损性以及区域环境抵抗力三个维度，指标体系如图 4-1 所示。

表 4-1　全国铅污染环境健康风险分区单元

研究区域	评价单元
华北	北京、天津、河北、山西、河南、内蒙古
华东	上海、江苏、浙江、安徽、福建、江西、山东
华南	湖北、湖南、广东、广西、海南
西北	陕西、甘肃、青海、宁夏、新疆
东北	吉林、辽宁、黑龙江
西南	云南、四川、重庆、贵州、西藏

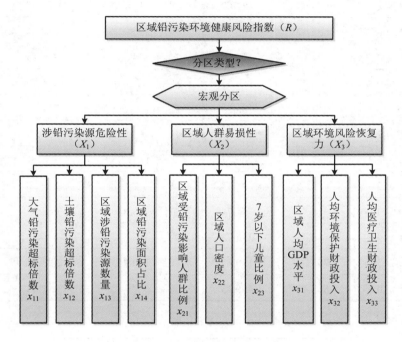

图 4-1　区域铅污染环境健康风险分区指标体系

四、全国铅污染环境健康风险分区指标量化相关参数

1. 铅污染源危险性指标（X_1）

（1）大气铅污染超标倍数（x_{11}）

此指标的量化需要获取大气铅浓度及空气质量二级标准浓度限值两个参数，其中大气铅浓度可先通过第三章提出的排放模型估算排放量，再根据第二章提出的箱体模型计算区域平均分布浓度。大气铅二级空气质量标准查自《空气质量标准（GB 3095—2012）》，取值为 0.5 μg/(m³·a)。根据 31 个评价单元 2009 年大气铅排放情况、混合层高度以及辖区面积（表 4-2），计算所得 31 个评价单元的大气铅浓度分布如图 4-2 所示。整体而言，中东部沿海区域环境大气铅浓度较高，此外中部的重庆、安徽、山东、天津和河北等地的大气铅浓度也相对较高。最后，根据第二章公式 2-8 计算各评价单元大气铅超标倍数。

表 4-2　2009 年大气中重金属铅浓度计算参数与结果

地区	面积/km²	混合层高度/m	铅排放量/t	地区	面积/km²	混合层高度/m	铅排放量/t
安徽	140 951.26	463.69	440.94	江西	166 776.73	552.40	257.33
北京	16 345.56	715.32	64.33	吉林	191 775.64	726.18	183.77
重庆	84 126.64	205.58	127.60	辽宁	145 014.9	952.23	335.48
福建	122 237.1	599.32	124.16	宁夏	50 492.383	590.73	64.52
甘肃	404 372.91	606.47	229.67	青海	717 153.11	979.07	24.17
广东	176 048.82	688.47	168.76	陕西	206 038.37	640.01	141.17
广西	235 149.2	377.78	130.24	山东	154 238.42	855.15	1 138.86
贵州	175 686.39	546.47	149.53	上海	6 340.5	756.86	276.62
海南	33 913.115	917.90	8.63	山西	157 271.77	711.88	499.84
河北	185 587.99	513.26	710.83	四川	563 542.75	665.59	253.47
黑龙江	449 906.21	887.63	206.51	天津	11 660.963	701.94	68.80
河南	165 069.37	685.55	645.14	西藏	1 205 060	881.60	1.00
湖北	186 518	411.32	315.74	新疆	1 636 050	688.12	103.85
湖南	211 819.71	548.38	296.73	云南	383 733.92	894.81	244.48
内蒙古	1 147 320	793.98	170.65	浙江	100 943.42	583.21	258.35
江苏	100 320.89	533.40	498.15				

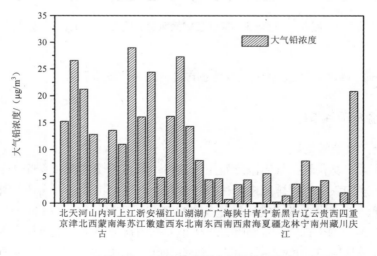

图 4-2　2009 年我国大气铅浓度分布

（2）土壤铅超标倍数（x_{12}）

此指标的量化需要获取土壤铅浓度及土壤质量二级标准铅浓度限值两个参数。土壤中铅污染的累积含量是土壤背景值与大气铅的干湿沉降、水体铅的灌溉和洪水泛滥等外源性铅污染相互作用的结果，可根据第二章公式 2-14～2-17 计算出各评价区域土壤铅的浓度水平。对于农田土壤，主要考虑大气干湿沉降，灌溉用水以及农药残留等外源性铅输入，对于其他土壤，只考虑大气沉降对土壤重金属影响。洪水泛滥造成的重金属铅积累，由于其起始周期范围较长，影响范围有限，并且缺乏相关数据，因此不再进行计算。土壤质量二级标准铅浓度限值查自《土壤环境质量标准》（GB 15618—1995），取值为 300 mg/kg。根据第三章公式 3-13～3-27，计算所得各评价区域从 1980—2009 年这 30 年来我国各地区干湿沉降总量分布如图 4-3 所示。

其次，在各评价单元 1980 年土壤铅背景值基础上，累积这 30 年的大气干湿沉降量，获得 2009 年土壤铅浓度值（图 4-4）。整体而言，南方地区铅污染比北方地区更为严重。最后，根据第二章公式 2-13 计算得到各评价单元土壤铅超标倍数（表 4-5）。

（3）区域涉铅污染源数量（x_{13}）

根据《重金属污染综合防治"十二五"规划》调查数据，各评价单元铅污染企业个数（表 4-3）。

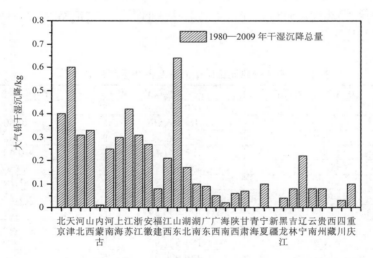

图 4-3　1980—2009 年我国各地区大气铅干湿沉降总量

表 4-3　评价单元涉铅企业分布数

地区	涉铅企业数/个	地区	涉铅企业数/个	地区	涉铅企业数/个	地区	涉铅企业数/个
安徽	16	海南	0	江西	127	山西	44
北京	0	河北	22	吉林	0	四川	48
重庆	77	黑龙江	8	辽宁	48	天津	0
福建	27	河南	344	宁夏	11	西藏	17
甘肃	174	湖北	79	青海	7	新疆	3
广东	160	湖南	998	陕西	115	云南	332
广西	107	内蒙古	29	山东	4	浙江	316
贵州	76	江苏	19	上海	0		

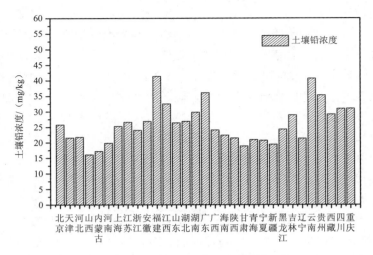

图 4-4　2009 年我国土壤铅浓度分布

（4）区域铅污染面积百分比（x_{14}）

根据《重金属污染综合防治"十二五"规划》调查数据，摘取各评价单元铅污染面积，并从《中国统计年鉴 2010》查得各评价单元的辖区面积，最后根据公式 2-18 可计算出区域铅污染面积百分比（表 4-4）。

表 4-4　各评价单元铅污染面积及占辖区面积的比例

地区	铅污染面积/km²	辖区面积/km²	区域铅污染面积百分比/%
安徽	2 489.3	140 951.26	1.77
北京	0	16 345.56	0.00
重庆	18.8	84 126.64	0.02
福建	487.5	122 237.10	0.40
甘肃	50 437.9	404 372.91	12.47
广东	2 093.7	176 048.82	1.19
广西	3 110.6	235 149.20	1.32
贵州	2 243.9	175 686.39	1.28
海南	0	33 913.115	0.00
河北	178.9	185 587.99	0.10
黑龙江	182	449 906.21	0.04
河南	7 355	165 069.37	4.46
湖北	6 153.5	186 518.00	3.30
湖南	2 652.7	211 819.71	1.25
内蒙古	5 548	1 147 320.00	0.48
江苏	3.8	100 320.89	0.00
江西	1 422	166 776.73	0.85
吉林	0	191 775.64	0.00
辽宁	1 660	145 014.90	1.14
宁夏	630	50 492.383	1.25
青海	52	717 153.11	0.01
陕西	600.6	206 038.37	0.29
山东	1 626.9	154 238.42	1.05
上海	0	6 340.50	0.00

地区	铅污染面积/km²	辖区面积/km²	区域铅污染面积百分比/%
山西	1 260.7	157 271.77	0.80
四川	1 242.5	563 542.75	0.22
天津	0	11 660.963	0.00
西藏	2 706	1 205 060.00	0.22
新疆	9 066.9	1 636 050.00	0.55
云南	9 096.5	383 733.92	2.37
浙江	2 975.2	100 943.42	2.95

（5）铅污染源风险性指标取值

基于上述（1）～（4）指标量化结果，可知各评价单元铅污染源危险性四项指标的量化值（表4-5）。

表4-5　全国铅污染源危险性指标取值

地区	x_{11}	x_{12}	x_{13}	x_{14}
安徽	$4.89×10^{-2}$	$8.96×10^{-2}$	16	1.77
北京	$3.05×10^{-2}$	$8.60×10^{-2}$	0	0.00
重庆	$4.18×10^{-2}$	$1.03×10^{-1}$	77	0.02
福建	$9.66×10^{-3}$	$1.38×10^{-1}$	27	0.40
甘肃	$8.84×10^{-3}$	$6.29×10^{-2}$	174	12.47
广东	$8.84×10^{-3}$	$1.20×10^{-1}$	160	1.19
广西	$9.24×10^{-3}$	$8.02×10^{-2}$	107	1.32
贵州	$8.57×10^{-3}$	$1.18×10^{-1}$	76	1.28
海南	$1.52×10^{-3}$	$7.45×10^{-2}$	0	0.00
河北	$4.25×10^{-2}$	$7.27×10^{-2}$	22	0.10
黑龙江	$2.84×10^{-3}$	$8.08×10^{-2}$	8	0.04
河南	$2.72×10^{-2}$	$6.62×10^{-2}$	344	4.46
湖北	$2.87×10^{-2}$	$8.96×10^{-2}$	79	3.30
湖南	$1.60×10^{-2}$	$9.93×10^{-2}$	998	1.25
内蒙古	$1.59×10^{-3}$	$5.74×10^{-2}$	29	0.48
江苏	$5.80×10^{-2}$	$8.87×10^{-2}$	19	0.00
江西	$3.24×10^{-2}$	$1.08×10^{-1}$	127	0.85
吉林	$7.23×10^{-3}$	$9.63×10^{-2}$	0	0.00
辽宁	$1.59×10^{-2}$	$7.11×10^{-2}$	48	1.14
宁夏	$1.12×10^{-2}$	$6.90×10^{-2}$	11	1.25
青海	$2.75×10^{-4}$	$6.97×10^{-2}$	7	0.01
陕西	$7.00×10^{-3}$	$7.15×10^{-2}$	115	0.29
山东	$5.46×10^{-2}$	$8.81×10^{-2}$	4	1.05
上海	$3.50×10^{-1}$	$8.43×10^{-2}$	0	0.00
山西	$2.57×10^{-2}$	$5.38×10^{-2}$	44	0.80
四川	$4.04×10^{-3}$	$1.03×10^{-1}$	48	0.22

地区	x_{11}	x_{12}	x_{13}	x_{14}
天津	$5.31×10^{-2}$	$7.20×10^{-2}$	0	0.00
西藏	$9.06×10^{-6}$	$9.70×10^{-2}$	17	0.22
新疆	$5.13×10^{-4}$	$6.47×10^{-2}$	3	0.55
云南	$6.20×10^{-3}$	$1.36×10^{-1}$	332	2.37
浙江	$3.22×10^{-2}$	$8.00×10^{-2}$	316	2.95

2. 区域人群易损性指标（X_2）

（1）区域受影响人群比例（x_{21}）

根据《重金属污染综合防治"十二五"规划》调查数据，摘取各评价单元铅污染影响人口规模，并从《中国统计年鉴 2010》查得各评价单元常住人口规模，根据公式 2-20 计算出区各评价单元铅污染影响人群比例（表 4-6）。

表 4-6　各评价单元受影响人口规模及比例

地区	受影响人口/万人	区域常住人口/万人	区域受影响人口比例/%
安徽	235.7	5 950.05	3.96
北京	0	1 961.24	0.00
重庆	20	2 884.62	0.69
福建	6.7	3 689.42	0.18
甘肃	153.5	2 557.53	6.00
广东	134.53	10 432.05	1.29
广西	98.1	4 602.38	2.13
贵州	112.7	3 474.86	3.24
海南	0	867.15	0.00
河北	12.5	7 185.42	0.17
黑龙江	104	3 831.40	2.71
河南	191.5	9 402.99	2.04
湖北	220.3	5 723.77	3.85
湖南	866.1	6 570.08	13.18
内蒙古	21.6	2 470.63	0.87
江苏	1.8	7 866.09	0.02
江西	27.8	4 456.78	0.62
吉林	0	2 745.28	0.00
辽宁	62.6	4 374.63	1.43
宁夏	26.8	630.14	4.25
青海	11.6	562.67	2.06
陕西	34.8	3 732.74	0.93
山东	51	9 579.27	0.53
上海	0	2 301.92	0.00

地区	受影响人口/万人	区域常住人口/万人	区域受影响人口比例/%
山西	22	3 571.21	0.62
四川	21.2	8 041.75	0.26
天津	0	1 293.87	0.00
西藏	2.8	300.22	0.93
新疆	71.5	2 181.58	3.28
云南	107.7	4 596.68	2.34
浙江	459.7	5 442.69	8.45

（2）七岁以下儿童比例（x_{23}）

0～6 岁儿童是铅污染易感人群，通过查阅《中国统计年鉴 2010》可得各评价区域易感人群规模，并根据公式 2-22 计算得到各评价区域易感人群比例（表 4-7）。

表 4-7　各评价单元 7 岁以下儿童规模及比例

地区	7 岁以下儿童数/万人	区域常住人口/万人	7 岁以下儿童比例/%
安徽	329.28	5 950.05	5.53
北京	104.83	1 961.24	5.35
重庆	147.32	2 884.62	5.11
福建	214.74	3 689.42	5.82
甘肃	115.19	2 557.53	4.50
广东	445.90	10 432.05	4.27
广西	349.13	4 602.38	7.59
贵州	217.01	3 474.86	6.25
海南	61.21	867.15	7.06
河北	441.16	7 185.42	6.14
黑龙江	96.68	3 831.40	2.52
河南	585.97	9 402.99	6.23
湖北	224.24	5 723.77	3.92
湖南	333.84	6 570.08	5.08
内蒙古	90.34	2 470.63	3.66
江苏	356.27	7 866.09	4.53
江西	344.41	4 456.78	7.73
吉林	73.57	2 745.28	2.68
辽宁	81.43	4 374.63	1.86
宁夏	43.07	630.14	6.83
青海	34.85	562.67	6.19
陕西	138.78	3 732.74	3.72
山东	457.01	9 579.27	4.77
上海	54.22	2 301.92	2.36
山西	142.14	3 571.21	3.98
四川	353.04	8 041.75	4.39

地区	7岁以下儿童数/万人	区域常住人口/万人	7岁以下儿童比例/%
天津	74.90	1 293.87	5.79
西藏	18.09	300.22	6.03
新疆	160.69	2 181.58	7.37
云南	263.78	4 596.68	5.74
浙江	236.36	5 442.69	4.34

（3）区域人群易损性指标取值

通过查询《中国统计年鉴 2010》获得，各评价单元人口密度（x_{22}），据此得出区域人群易损性各指标（表 4-8）。

表 4-8　全国铅污染人群易损性指标

地区	x_{21}	x_{22}	x_{23}	地区	x_{21}	x_{22}	x_{23}
安徽	3.96	422.14	5.53	江西	0.62	267.23	7.73
北京	0.00	1 199.86	5.35	吉林	0.00	143.15	2.68
重庆	0.69	342.89	5.11	辽宁	1.43	301.67	1.86
福建	0.18	301.83	5.82	宁夏	4.25	124.8	6.83
甘肃	6.00	63.25	4.50	青海	2.06	7.85	6.19
广东	1.29	592.57	4.27	陕西	0.93	181.17	3.72
广西	2.13	195.72	7.59	山东	0.53	621.07	4.77
贵州	3.24	197.79	6.25	上海	0.00	3 630.5	2.36
海南	0.00	255.7	7.06	山西	0.62	227.07	3.98
河北	0.17	387.17	6.14	四川	0.26	142.7	4.39
黑龙江	2.71	85.16	2.52	天津	0.00	1 109.57	5.79
河南	2.04	569.64	6.23	西藏	0.93	2.49	6.03
湖北	3.85	306.88	3.92	新疆	3.28	13.33	7.37
湖南	13.18	310.17	5.08	云南	2.34	119.79	5.74
内蒙古	0.87	21.53	3.66	浙江	8.45	539.18	4.34
江苏	0.02	784.09	4.53				

3．环境抵抗力指标（X_3）

通过查询《中国统计年鉴 2010》可获得各评价单元在环境保护和医疗卫生方面的财政支出、区域常住人口数以及人均 GDP 水平（x_{31}），并根据公式 2-24～2-25 计算得人均环境保护财政支出（x_{32}）和人均医疗卫生财政支出（x_{33}）（表 4-9）。

表 4-9　全国铅污染环境抵抗力指标　　　　　　　　　　　　　单位：元/人

地区	x_{31}	x_{32}	x_{33}	地区	x_{31}	x_{32}	x_{33}
安徽	16 408	270.33	96.67	江西	17 335	271.99	97.33
北京	66 940	949.46	307.98	吉林	26 595	391.82	180.61
重庆	22 920	268.38	175.06	辽宁	35 149	378.14	128.99
福建	33 437	257.49	93.27	宁夏	21 777	762.64	366.6

地区	x_{31}	x_{32}	x_{33}	地区	x_{31}	x_{32}	x_{33}
甘肃	13 269	335.31	201.67	青海	19 454	582.81	520.01
广东	39 436	262.35	104.59	陕西	21 949	333.59	210.76
广西	16 045	239.19	102.8	山东	35 894	199.82	80.43
贵州	10 258	270.77	145.63	上海	69 164	691.57	176.78
海南	19 254	348.7	182.97	山西	35 894	296.82	206.02
河北	24 581	248.32	148.13	四川	17 339	267.68	139.85
黑龙江	22 447	354.16	154.39	天津	62 574	441.47	108.78
河南	20 597	235.22	98.01	西藏	15 295	761.65	336.17
湖北	22 677	243.43	129.63	新疆	19 942	402.76	168.72
湖南	20 428	248.52	114.94	云南	13 569	330.98	179.74
内蒙古	39 735	425.01	404.2	浙江	43 842	341.8	106.99
江苏	44 253	256.58	191.07				

五、全国铅污染环境健康风险分区指标权重系数

根据第二章 5.3 节宏观分区指标权重计算方法（公式 2-26～2-29），计算得各指标的变异系数以及权重系数（表 4-10）。

表 4-10　全国铅污染环境健康风险分区指标权重系数

目标层	准则层	指标	均值	标准差	CV	ω_{ij}
铅污染环境健康风险指数	铅污染源危险性（X_1）	大气铅污染超标倍数（x_{11}）	0.020 3	0.018 2	0.897 4	0.093 5
		土壤铅超标倍数（x_{12}）	0.086 8	0.021 4	0.246 1	0.025 6
		区域涉铅污染源数量（x_{13}）	103.483 9	192.944 9	1.864 5	0.194 2
		区域铅污染面积百分比（x_{14}）	1.283 8	2.347 0	1.828 2	0.190 5
	区域人群脆弱性（X_2）	区域受影响人群比例（x_{21}）	2.131 3	2.851 1	1.337 8	0.139 4
		区域人口密度（x_{22}）	434.450 3	662.484 2	1.524 9	0.158 9
		7 岁以下儿童比例（x_{23}）	5.075 1	1.550 7	0.305 5	0.031 8
	区域环境抵抗力（X_3）	人均 GDP 水平（x_{31}）	28 659.903 2	15 586.646 7	0.543 8	0.056 7
		人均环境保护财政支出（x_{32}）	376.411 6	183.350 5	0.487 1	0.050 7
		人均医疗卫生财政支出（x_{33}）	182.541 6	102.870 4	0.563 5	0.058 7

六、全国铅污染环境健康风险指数

根据公式 2-7、2-19 和公式 2-23 可分别计算铅污染风险危险性、区域人群易损性和区域环境抵抗力，并进一步根据宏观分区模型（公式 2-6）可计算出各评价单元的环境健康风险指数（表 4-11）。

表 4-11　铅污染环境健康风险指数

地区	H（X_1）	S（X_2）	C（X_3）	R_0	R
安徽	0.543 4	0.448 1	0.100 0	5.435 8	2.435 8
北京	0.165 7	0.472 3	0.359 4	0.461 1	0.217 7
重庆	0.370 5	0.202 7	0.137 8	2.689 1	0.545 2
福建	0.195 0	0.158 7	0.130 8	1.490 9	0.236 7
甘肃	2.236 2	0.443 8	0.136 3	16.407 0	7.282 2
广东	0.552 9	0.327 8	0.147 0	3.761 7	1.233 1
广西	0.463 3	0.258 5	0.097 0	4.774 6	1.234 4
贵州	0.406 4	0.323 6	0.103 6	3.922 0	1.269 1
海南	0.029 0	0.137 8	0.143 9	0.201 4	0.027 8
河北	0.272 6	0.191 5	0.129 7	2.101 3	0.402 3
黑龙江	0.057 9	0.224 5	0.141 8	0.408 7	0.091 7
河南	1.451 4	0.380 6	0.104 0	13.962 0	5.313 3
湖北	0.796 2	0.388 5	0.119 3	6.671 7	2.591 7
湖南	2.162 0	1.007 3	0.110 9	19.502 6	19.645 1
内蒙古	0.150 4	0.088 0	0.265 8	0.565 9	0.049 8
江苏	0.329 2	0.316 6	0.183 5	1.793 9	0.568 0
江西	0.545 8	0.187 0	0.102 2	5.338 4	0.998 1
吉林	0.061 7	0.069 2	0.163 5	0.377 4	0.026 1
辽宁	0.354 1	0.215 6	0.162 0	2.186 4	0.471 2
宁夏	0.277 6	0.366 6	0.263 8	1.052 6	0.385 9
青海	0.036 1	0.176 5	0.284 3	0.126 9	0.022 4
陕西	0.312 4	0.150 5	0.156 1	2.000 7	0.301 2
山东	0.441 2	0.291 8	0.123 8	3.564 5	1.040 3
上海	0.185 9	1.342 3	0.286 8	0.648 1	0.870 0
山西	0.335 6	0.148 5	0.177 2	1.893 6	0.280 8
四川	0.171 8	0.097 0	0.115 3	1.489 5	0.144 4
天津	0.265 5	0.442 0	0.218 2	1.216 9	0.537 9
西藏	0.093 9	0.099 7	0.241 0	0.389 6	0.038 8
新疆	0.109 3	0.265 4	0.148 0	0.738 7	0.196 0
云南	1.043 5	0.233 0	0.129 3	8.073 4	1.881 2
浙江	1.202 1	0.776 7	0.167 2	7.191 5	5.585 6

七、全国铅污染环境健康风险分区

按四分位数法对 31 个评价单元的潜在环境健康风险（R）和区域人群易损性（S）进行分析，两组数据的下四分位数（Q_1）、第二个四分位数（Q_2）、上四分位数（Q_3）（表 4-12）。

表 4-12　潜在环境健康风险和区域人群易损性四分位数

	Q_1	Q_2	Q_3
R_0	0.648 1	2.000 7	5.338 4
S（X_2）	0.158 7	0.258 5	0.388 5

全国 31 个评价单元潜在环境健康风险分布如图 4-5 所示，其中湖南、湖北、河南、云南、甘肃、浙江和安徽 7 个评价单元的潜在环境健康风险水平相对较高，高于上四分位数 6.671 7。

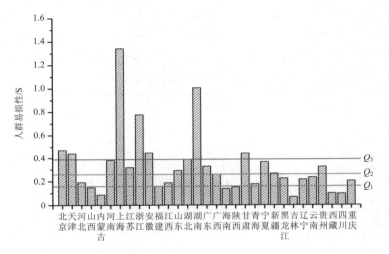

图 4-5　各评价单元潜在环境健康风险分布

各评价单元内区域人群易损性分布情况如图 4-6 所示，其中甘肃、湖南、浙江三个评价单元的人群易损性较高是因为区域受铅污染影响人群占区域常住人口比例相对较大，而北京、上海、天津、安徽四个评价单元相对较高的人群易损性是由于区域人口密度大导致的。

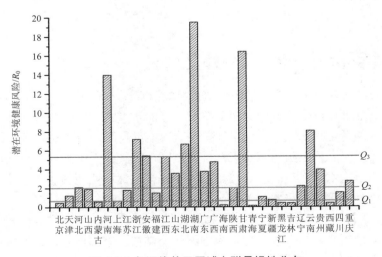

图 4-6　各评价单元区域人群易损性分布

根据环境健康风险分析结果中的潜在环境健康风险和区域人群易损性，按第二章第五节的宏观分区方法，可将我国 31 个省市划分为四类风险管理类型区（图 4-7）。湖南、湖北、河南、甘肃、浙江和安徽六个区域属于铅污染源人联控区，这类风险区内铅污染潜在健康风险和人群易损性均相对较高，风险管理过程中要进行全过程综合调控，通过污染源布局的宏观调控，降低区域源的危险性，与此同时通过健康教育与健康促进的方式对区域人群铅污染健康风险进行防治；云南、广西、江西、河北和辽宁为铅污染风险控制区，这类风险区内潜在健康风险相对较高，但区域人群易损性较低，风险管理主要关注潜在风险；新疆、贵州、广东、江苏、天津、北京、上海和宁夏属于易损区，区域内潜在风险相对较低，但区域人群易损性较高，其中北京、上海、天津人群易损性较高的原因在于人口密度较大，新疆、贵州、宁夏人群易损性相对较高的原因在于区域铅污染影响人群比例较大，而广东和江苏是二者共同作用的原因，其他区域则仅需进行长期的动态监测，以防止区域社会经济发展带来的潜在健康风险或人群易损性的变化。

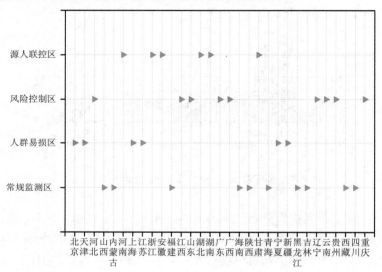

图 4-7　铅污染环境健康风险分区结果

八、全国铅污染环境健康风险分区合理性分析

图 4-8 中的源人联控区与 2010 年《重金属污染综合防治"十二五"规划》在全国范围内划定 14 个重金属重点防控省的空间分布有较好的重叠性，除安徽外的其他评价单元均属于防治规划中的重金属污染重点省，且省内铅污染重点区块数相对较多。此外，内蒙古、青海、陕西、四川四个重点防控省属于常规监测区，究其原因可能在于风险分区时考虑了区域铅污染环境质量水平以及区域环境抵抗力水平，虽然陕西境内有 7 个铅污染区，但区域内大气铅污染和土壤铅污染水平均不高。

此外，风险管理类型区的划分是一个相对比较的结果，面上的环境健康风险相对较低，并排除点上环境健康风险相对较高的现象，因此尚需从污染源出发，开展区域环境健康风险分级研究，点面结合，进行综合风险管理。

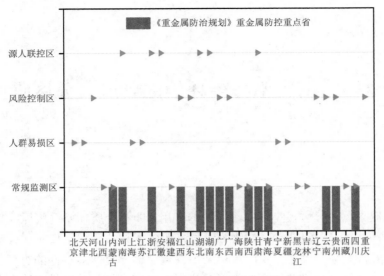

图 4-8 重金属污染防治规划区划

第五章　云南省铅污染环境健康风险分区研究

一、概述

重金属环境健康风险分区模型在省级层面的应用，即重金属环境健康风险重点防控市（县）的划分（简称二级分级分区）。二级分级直接服务于相关管理工作，如行政资源配置和日常工作任务安排。综合考虑到我国近年来主要重金属环境健康事件的类型、发生频率和危害程度以及目前环境污染条件下对人群健康损害研究证据的充分性，结合全国环境健康调查以及项目实施的可行性，我们选取铅污染较为严重的云南省区域作为研究的典型案例区。

1. 研究区域

云南简称"云"或"滇"，地处中国西南边陲，北回归线横贯南部，如图 5-1 所示。总面积 39.4 万平方公里，占全国总面积的 4.1%。东与广西壮族自治区和贵州省毗邻，北以金沙江为界，与四川省隔江相望，西北隅与西藏自治区相连，西部与缅甸唇齿相依，南部和东南部分别与老挝，越南接壤，共有陆地边境线 4 060 公里。境内地质现象种类繁多，成矿条件优越，矿产资源极为丰富，尤以有色金属及磷矿著称，被誉为"有色金属王国"，是我国得天独厚的矿产资源宝地。云南有 61 个矿种的保有储量居全国前 10 位，其中，铅、锌、锡、磷、铜、银等 25 种矿产含量分别居全国前 3 位。2006 年，云南省十种有色金属产量 207 万 t，比 2000 年增长 2.5 倍。十种有色金属产量占全国的 10.8%，居全国第 2 位。其中，锡产量居全国第 1 位，铜产量全国第 3 位，锌第 2 位，铅第 4 位。云南省的有色资源对促进全国经济和社会发展具有举足轻重的作用。

近年来，随着区域经济的高速发展，云南省煤炭、石油等能源消耗及有色矿业的开发对云南生态环境造成了严重影响，特别是重金属环境污染事件日益凸显，如 2007 年开远市铅锌中毒事件，2010 云南大理血铅事件，对人群健康产生了严重的危害。由于云南省已经发生多起重金属环境健康事件，具有研究上的典型性和紧迫性。此外，在微观层面上已选定兼具典型性和合理性的铅锌冶炼基地会泽作为案例区，为此云南省作为宏观层面上的二级分区研究案例，具有完整性和系统性。因此，在省级层面上，选择污染物铅为典型物质开展案例研究，基本内容包括：①建立云南省大气铅排放清单；②以铅为典型污染物，开展环境健康风险分区研究，分析分区方法的适用性。

二、云南省铅污染环境健康风险分区基本单元

根据第二章重金属环境健康风险分区原则中的不打破行政区原则，在省域尺度上，以下级行政区——地级市/自治州为最小分区单元。云南省铅污染环境健康风险分区基本单元如图 5-1 所示。

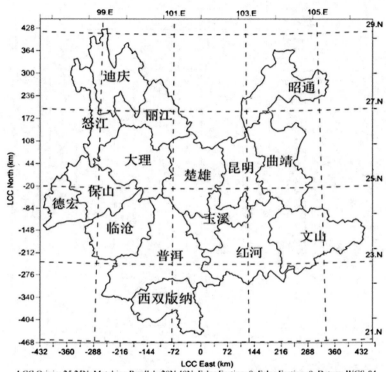

图 5-1　云南地理位置

三、云南省铅污染环境健康风险分区指标体系

第二章提出的重金属环境健康风险分区方法可应用于全国层面的铅污染健康风险分区研究。在这一宏观区域尺度上风险分区指标体系与全国风险分区指标体系准则层完全一致，即忽略暴露环节对风险的影响，综合考虑涉铅污染源危险性、区域人群易损性以及区域环境抵抗力三个维度，但由于在省域尺度上，各市 7 岁以下儿童数不可及，加之全国数据显示这一指标的变异性很小，所以在区域人群易损性指标亚组中忽略这一要素的影响，形成如图 5-2 所示的指标体系。

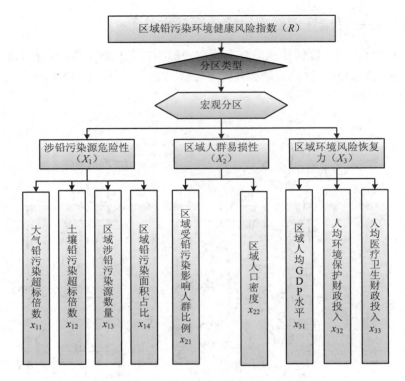

图 5-2   云南省铅污染环境健康风险评价指标体系

四、云南省铅污染环境健康风险分区指标量化相关参数

1. 铅污染源危险性指标（X_1）

（1）大气铅污染超标倍数（x_{11}）

此指标的量化需要获取大气铅浓度及空气质量二级标准浓度限值两个参数，其中大气铅浓度可按第二章提及的 CAPUFF 模型，考虑到云南省复杂的地形、地貌状况，以及研究区域的范围对云南省大气铅污染状况进行模拟，大气铅二级空气质量标准查自《空气质量标准（GB 3095—2012）》，取值为 0.5 μg/（m³·a）。

CAPUFF 模拟结果显示，云南省大气铅浓度自滇中东（昆明）向滇西（迪庆）递减，自滇东北（曲靖）向滇南（西双版纳）递减跟污染源分布趋势较为一致（图 5-3）。从铅污染浓度分布图可以看出污染物扩散主要在滇东区域内，很少扩散至其他区域，其原因可能在于滇西北山高谷深，地形复杂，地形风等因素影响污染物的传播，致使区域污染范围较小，而滇南水汽充沛、湿度大，抑制了热力湍流的发展，且滇南地势较为平坦，地形风作用大为减小，在一定程度上压制了大气活动能力。此外，作为重要有色冶炼、煤炭基地的昆明、曲靖、开远地区，秋季最大铅浓度值（昆明）超过国家大气二级标准季均值（1 μg/m³）1.23 倍。区域最大铅年平均浓度值为 0.56 μg/（m³·a），超过国家大气二级标准年均值（0.5 μg/m³·a）1.04 倍，更有甚者，最大小时浓度为 10 μg/（m³·h），超标 10 倍（图 5-4），给当地居民带来潜在的健康威胁。

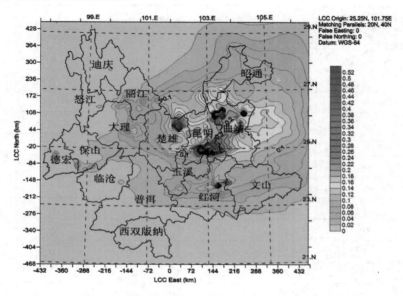

图 5-3　云南省大气铅污染浓度分布（全年）单位：μg/（m³·a）

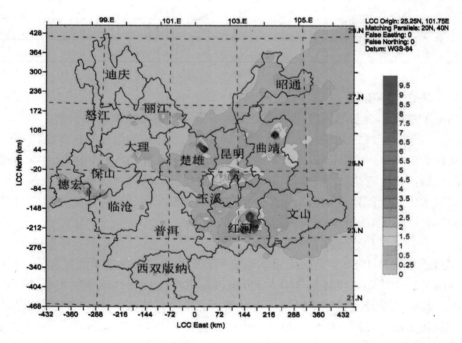

图 5-4　云南省大气铅污染浓度分布（1 小时最大值）单位：μg/（m³·h）

最后，将各网格大气浓度利用空间统计方法计算出各评价单元的大气铅浓度均值以及最大值和最小值等，并根据第三章公式 3-8 计算各评价单元大气铅超标倍数（表 5-1）。

表 5-1   云南省各评价单元大气铅浓度及超标倍数

区域	大气铅浓度/（μg/m³）					超标倍数
	平均值	最大值	最小值	标准偏差	标准限值	
保山	0.118	0.172	0.005	0.012	0.5	0.236 0
楚雄	0.191	0.433	0.025	0.059	0.5	0.382 0
大理	0.135	0.160	0.008	0.024	0.5	0.270 0
德宏	0.110	0.173	0.003	0.011	0.5	0.220 0
迪庆	0.104	0.131	0.000	0.004	0.5	0.208 0
红河	0.158	0.248	0.012	0.043	0.5	0.316 0
昆明	0.274	0.518	0.042	0.083	0.5	0.548 0
丽江	0.131	0.135	0.004	0.027	0.5	0.262 0
临沧	0.115	0.170	0.006	0.008	0.5	0.230 0
怒江	0.105	0.125	0.000	0.005	0.5	0.210 0
普洱	0.117	0.162	0.002	0.011	0.5	0.234 0
曲靖	0.266	0.328	0.098	0.041	0.5	0.532 0
文山	0.160	0.136	0.017	0.027	0.5	0.320 0
西双版纳	0.105	0.113	0.002	0.002	0.5	0.210 0
玉溪	0.160	0.414	0.028	0.049	0.5	0.320 0
昭通	0.193	0.193	0.048	0.030	0.5	0.386 0

（2）土壤铅超标倍数（x_{12}）

此指标的量化需要获取土壤铅浓度及土壤质量二级标准铅浓度限值两个参数。土壤中铅污染的累积含量土壤背景值与大气铅的干湿沉降、水体铅的灌溉和洪水泛滥等外源性铅污染相互作用的结果，可根据第二章公式 2-14～2-17 可计算出各评价区域土壤铅的浓度水平。农田土壤，主要考虑大气干湿沉降，灌溉用水以及农药残留等外源性铅输入，对于其他土壤，只考虑大气沉降对土壤重金属影响。土壤质量二级标准铅浓度限值查自《土壤环境质量标准》（GB 15618—1995），取值为 300 mg/kg。

①云南省各评价单元土壤背景值

土壤背景值选自 1980 年全国土壤本地值调查时土壤铅浓度含量（吴淑岱，1994），数据显示云南全省土壤铅浓度处于 31.1～300 mg/kg，其中土壤铅高浓度区主要分布在滇中地区：玉溪、红河、楚雄及昆明交界处，以及滇西北地区：迪庆、丽江、大理地区，而滇东南地区，包括文山，红河，西双版纳地区土壤铅含量较低大部分地区小于 20 mg/kg，远小于国家土壤标准中背景值（35 mg/kg）（图 5-5）。

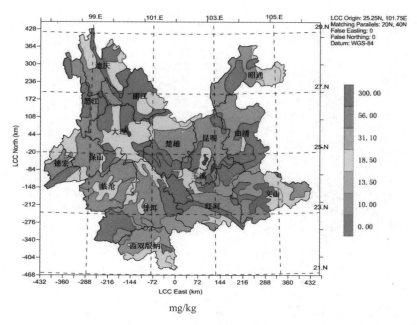

图 5-5　1980 年云南省土壤铅含量

②大气铅的干、湿沉降在土壤中的积累

利用 CALPUFF 模型中干湿沉降模块，定量输出得到各典型月份大气铅干湿沉降浓度的空间分布值，然后将各典型月份干湿沉降浓度分布值平均，间接得到 2009 年云南省大气铅干湿沉降浓度年平均值空间分布（图 5-6～图 5-8）。

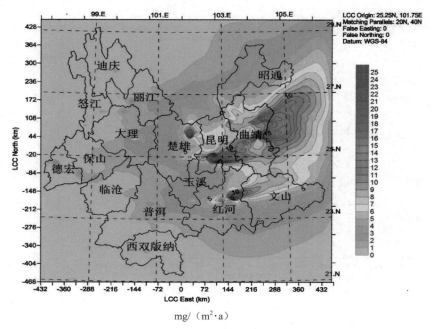

图 5-6　云南省大气铅干沉降分布

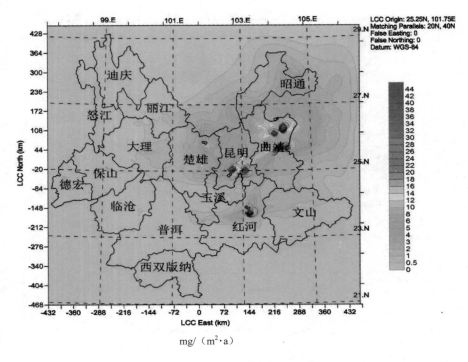

mg/（m²·a）

图 5-7　云南省大气铅湿沉降分布

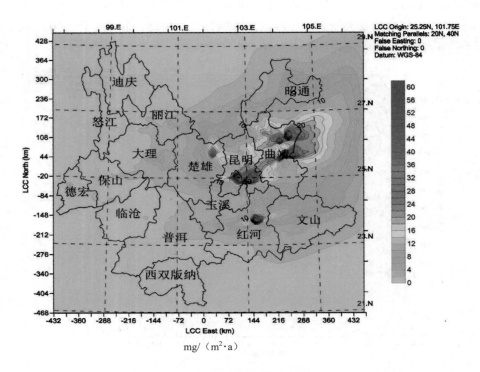

mg/（m²·a）

图 5-8　云南省大气铅总沉降量分布

③灌溉用水的铅在土壤中的积累

参照《云南省农业灌溉用水定额标准的编制》（张玉蓉等，2007），可得各区域灌溉用水定额以及各地区农田需要灌溉面积，由此计算出年灌溉用水总量，结合灌溉用水中铅含量，可以得到各评价单元域灌溉用水中铅在农田中区域年总积累量。为了更精确地获得云南灌溉用水对土壤重金属铅排放的空间分布特征，为后续云南区域人群暴露风险提供数据支持，以地理信息系统为工具，结合云南省土地利用分布图将区域灌溉水将土壤铅累积量分配到 12 km×12 km 区划网格内（图 5-9）。

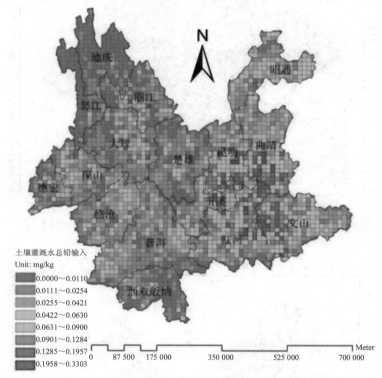

图 5-9　云南省耕地灌溉水中铅年输入量区域分布

④叠加大气干湿沉降后土壤中铅含量分布

根据云南大气沉降量数据及 1980 年云南省重金属铅空间分布数据，叠加 30 年铅的沉降后，可计算出 2009 年土壤环境重金属分布特征（图 5-10）。并在此基础上考虑灌溉用水对农业土壤中铅浓度贡献值，可以得到农田中土壤重金属铅浓度值，如图 5-11 所示。

⑤土壤铅超标倍数

根据各网格土壤铅浓度计算得出各评价单元土壤铅浓度均值以及最大值和最小值等，并根据公式 2-13 计算得到各评价单元土壤铅超标倍数（表 5-2）。

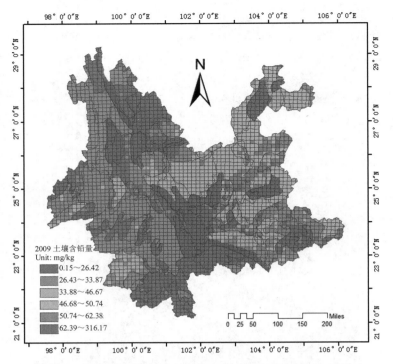

图 5-10　云南省 2009 年土壤铅含量分布（仅考虑大气铅沉降影响）

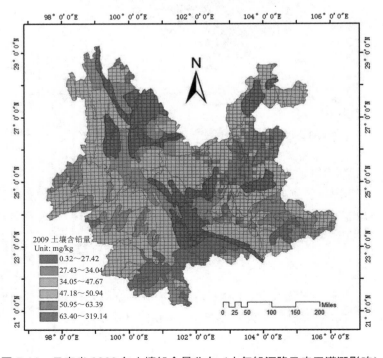

图 5-11　云南省 2009 年土壤铅含量分布（大气铅沉降及农田灌溉影响）

表 5-2　云南省各评价单元大气铅浓度及超标倍数

区域	土壤铅浓度/（mg/kg）					超标倍数
	平均值	最大值	最小值	标准偏差	标准限值	
保山	42.160	58.342	31.329	8.516	300	0.140 5
楚雄	112.002	310.449	25.224	113.161	300	0.373 3
大理	111.717	304.025	1.670	118.418	300	0.372 4
德宏	43.466	58.342	31.326	10.081	300	0.144 9
迪庆	112.707	301.486	23.916	118.928	300	0.375 7
红河	82.805	311.861	16.224	99.526	300	0.276 0
昆明	96.179	333.294	4.531	96.976	300	0.320 6
丽江	186.934	304.886	25.093	132.067	300	0.623 1
临沧	39.920	47.260	18.774	7.396	300	0.133 1
怒江	85.878	301.341	31.394	89.912	300	0.286 3
普洱	70.779	303.639	18.785	84.558	300	0.235 9
曲靖	91.277	319.227	22.918	84.253	300	0.304 3
文山	35.258	64.337	14.454	15.444	300	0.117 5
西双版纳	28.419	56.585	18.589	10.686	300	0.094 7
玉溪	145.257	310.449	12.378	131.939	300	0.484 2
昭通	106.407	311.073	26.545	112.559	300	0.354 7

（3）区域涉铅污染源数量（x_{13}）

根据《重金属污染综合防治"十二五"规划》调查数据，查得云南省各评价单元铅污染企业个数（图 5-12）。

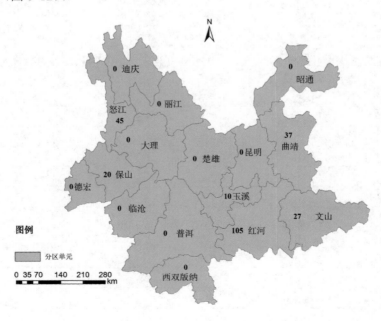

图 5-12　各评价单元涉铅污染企业分布数

（4）区域铅污染面积百分比（x_{14}）

根据《重金属污染综合防治"十二五"规划》调查数据，摘取各评价单元铅污染面积，并从《云南省统计年鉴 2010》查得各评价单元的辖区面积，最后根据公式 2-18 可计算出各评价单元铅污染面积百分比（表 5-3）。

表 5-3　各评价单元铅污染面积及占辖区面积的比例

地区	铅污染面积/km²	辖区面积/km²	区域铅污染面积百分比/%
保山	19 637	412	2.10
红河	32 167	741.4	2.30
怒江	14 703	4 455	30.30
曲靖	29 855	65.7	0.22
文山	32 239	223	0.69
玉溪	15 285	1 571	10.28

（5）铅污染源风险性指标取值

基于上述（1）～（4）指标量化结果，可知各评价单元铅污染源危险性四项指标的量化值（表 5-4）。

表 5-4　云南省铅污染源危险性指标取值

地区	x_{11}	x_{12}	x_{13}	x_{14}
保山	0.236 0	0.140 5	20	2.10
楚雄	0.382 0	0.373 3	0	0.00
大理	0.270 0	0.372 4	0	0.00
德宏	0.220 0	0.144 9	0	0.00
迪庆	0.208 0	0.375 7	0	0.00
红河	0.316 0	0.276 0	105	2.25
昆明	0.548 0	0.320 6	0	0.00
丽江	0.262 0	0.623 1	0	0.00
临沧	0.230 0	0.133 1	0	0.00
怒江	0.210 0	0.286 3	45	30.30
普洱	0.234 0	0.235 9	0	0.00
曲靖	0.532 0	0.304 3	37	0.22
文山	0.320 0	0.117 5	27	0.55
西双版纳	0.210 0	0.094 7	0	0.00
玉溪	0.320 0	0.484 2	10	10.28
昭通	0.386 0	0.354 7	0	0.00

2. 区域人群易损性指标（X_2）

（1）区域受影响人群比例（x_{21}）

根据《重金属污染综合防治"十二五"规划》调查数据中各评价单元铅污染受影响人口规模，以及《云南省统计年鉴 2010》中各评价单元常住人口规模，根据公式 2-20 计算出各评价单元铅污染受影响人群比例（表 5-5）。

表 5-5　各评价单元受影响人口规模及比例

地区	受影响人口/万人	区域常住人口/万人	区域受影响人口比例/%
保山	250.6	2.7	0.60
红河	450.1	21.6	4.80
怒江	53.4	21.2	39.70
曲靖	585.5	10.5	1.79
文山	53.4	4.7	8.80
玉溪	230.4	17.9	7.77

（2）区域人群易损性指标取值

通过《中国统计年鉴 2010》查得各评价单元人口密度，并计算出区域人群易损性各指标的取值（表 5-6）。

表 5-6　云南省铅污染人群易损性指标

区域	x_{21}	x_{22}	区域	x_{21}	x_{22}
保山	1.08	127.6	临沧	0.00	99.3
楚雄	0.00	91.7	怒江	39.70	36.3
大理	0.00	117.3	普洱	0.00	56
德宏	0.00	105.1	曲靖	1.79	196.1
迪庆	0.00	16.8	文山	1.34	109.1
红河	4.80	136.7	西双版纳	0.00	57.5
昆明	0.00	298	玉溪	7.77	150.7
丽江	0.00	58.7	昭通	0.00	226.5

3. 环境抵抗力指标（X_3）

查询《云南省统计年鉴 2010》获得各评价单元在环境保护和医疗卫生方面的财政支出、区域常住人口数以及人均 GDP 水平（x_{31}），根据式 2-24～式 2-25 计算得人均环境保护财政支出（x_{32}）和人均医疗卫生财政支出（x_{33}）（表 5-7）。

表 5-7   铅污染环境抵抗力指标   单位：元/人

区域	x_{31}	x_{32}	x_{33}	区域	x_{31}	x_{32}	x_{33}
保山	10 469	167.90	265.90	临沧	8 988	271.08	429.31
楚雄	14 960	206.84	327.57	怒江	10 266	325.68	515.77
大理	13 498	183.74	290.98	普洱	9 584	229.05	362.74
德宏	11 681	245.21	388.34	曲靖	17 228	158.60	251.17
迪庆	20 051	550.77	872.25	文山	9 456	15.62	37.19
红河	14 546	69.54	110.13	西双版纳	14 503	191.35	303.04
昆明	33 549	275.29	435.98	玉溪	32 089	143.61	227.44
丽江	11 680	324.40	385.03	昭通	7 193	143.78	227.70

五、云南省铅污染环境健康风险分区指标权重系数

根据第二章第五节宏观分区指标权重计算方法中的式 2-26～式 2-29 计算得各指标的变异系数以及权重系数（表 5-8）。

表 5-8   铅污染环境健康风险分区指标权重系数

目标层	准则层	指标	均值	标准差	CV	ω_{ij}
铅污染环境健康风险指数	铅污染源危险性（X_1）	大气铅污染超标倍数（x_{11}）	0.30	0.108 6	0.355 7	0.034 0
		土壤铅超标倍数（x_{12}）	0.29	0.144 7	0.499 3	0.047 7
		区域涉铅污染源数量（x_{13}）	15.25	28.198 1	1.849 1	0.176 6
		区域铅污染面积百分比（x_{14}）	2.86	7.759 0	2.716 6	0.259 5
	区域人群脆弱性（X_2）	区域受影响人群比例（x_{21}）	3.53	9.887 1	2.801 1	0.267 6
		区域人口密度（x_{22}）	117.71	73.487 5	0.624 3	0.059 6
	区域环境抵抗力（X_3）	人均 GDP 水平（x_{31}）	14 983.81	7 708.971 9	0.514 5	0.049 2
		人均环境保护财政支出（x_{32}）	218.90	121.844 1	0.556 6	0.053 2
		人均医疗卫生财政支出（x_{33}）	339.41	186.790 6	0.550 3	0.052 6

六、云南省铅污染环境健康风险指数

根据式 2-7、式 2-19 和式 2-23 可分别计算铅污染风险危险性、区域人群易损性和区域环境抵抗力，并进一步根据宏观分区模型（式 2-6）可计算出各评价单元的环境健康风险指数（表 5-9）。

表 5-9　云南省各评价单元铅污染环境健康风险指数

地区	H（X_1）	S（X_2）	C（X_3）	R_0	R
保山	0.471 7	0.146 3	0.116 3	4.055 4	0.593 5
楚雄	0.104 0	0.046 5	0.150 1	0.692 8	0.032 2
大理	0.091 3	0.059 4	0.134 0	0.681 8	0.040 5
德宏	0.048 3	0.053 3	0.158 0	0.305 9	0.016 3
迪庆	0.085 0	0.008 5	0.334 7	0.253 9	0.002 2
红河	1.501 4	0.433 1	0.081 7	18.384 7	7.962 2
昆明	0.113 8	0.151 0	0.244 5	0.465 4	0.070 3
丽江	0.131 7	0.029 7	0.176 8	0.745 2	0.022 2
临沧	0.047 5	0.050 3	0.161 8	0.293 6	0.014 8
怒江	3.345 0	3.028 2	0.192 7	17.360 4	52.571 4
普洱	0.064 9	0.028 4	0.143 3	0.452 8	0.012 8
曲靖	0.557 9	0.235 3	0.133 9	4.165 1	0.980 1
文山	0.417 7	0.156 6	0.040 6	10.295 3	1.611 9
西双版纳	0.039 0	0.029 1	0.141 0	0.276 3	0.008 1
玉溪	1.165 1	0.665 4	0.175 4	6.643 4	4.420 2
昭通	0.101 3	0.114 8	0.093 8	1.080 5	0.124 0

七、云南省铅污染环境健康风险分区

按四分位数法对 16 个评价单元潜在环境健康风险（R_0）和区域人群易损性（S）进行分析，两组数据的下四分位数（Q_1）、第二个四分位数（Q_2）、上四分位数（Q_3）（表 5-10）。

表 5-10　潜在环境健康风险和区域人群易损性四分位数

	Q_1	Q_2	Q_3
R_0	0.342 6	0.719 0	6.023 9
S（X_2）	0.033 9	0.087 1	0.215 6

四分位数分析结果显示，怒江、红河、玉溪、文山四个评价单元的潜在环境健康风险水平相对较高，大于上四分位数 6.023 9。16 个评价单元潜在环境健康风险分布如图 5-13 所示。怒江、玉溪、红河以及曲靖四个区域人群易损性较高，各评价单元内区域人群易损性分布情况（图 5-14）。

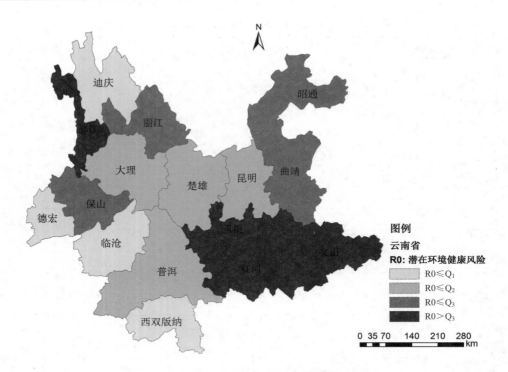

图 5-13　云南省铅污染潜在环境健康风险分布

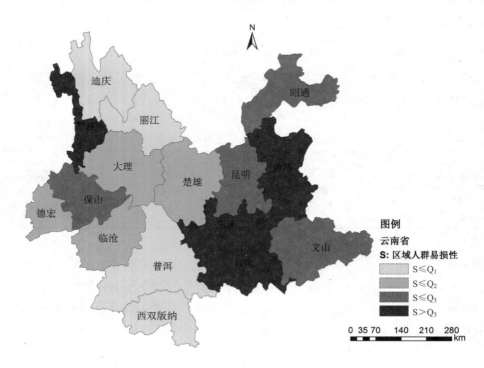

图 5-14　云南省铅污染人群易损性分布

　　依据环境健康风险分析结果中的潜在环境健康风险和区域人群易损性，按第二章第五节的宏观分区方法，可将云南省 16 个地级市/自治州划分为四类风险管理类型区（图 5-15）。怒江、玉溪、红河和文山四个区域为铅污染源人联控区，这类风险区内铅污染潜在健康风险和人群易损性均相对较高，风险管理过程中要进行全过程综合调控，通过污染源布局的宏观调控，降低区域源的危险性，与此同时通过健康教育与健康促进的方式对区域人群铅污染健康风险进行防治；丽江为铅污染风险控制区，这类风险区内潜在健康风险相对较高，但区域人群易损性较低，风险管理主要关注潜在风险；昆明、昭通和保山为易损区，区域内潜在风险相对较低，但区域人群易损性较高，其中昆明和昭通人群易损性较高的原因在于人口密度较大，保山人群易损性相对较高的原因在于区域铅污染影响人群比例较大，其他区域则仅需进行长期的动态监测，以防止区域社会经济发展带来的潜在健康风险或人群易损性的变化。

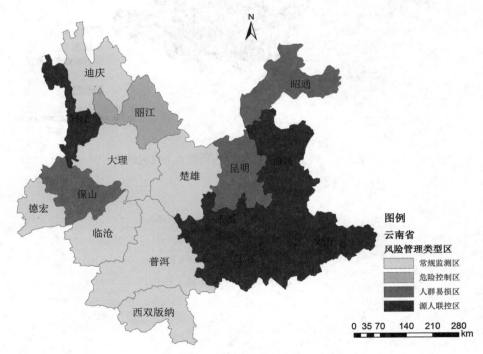

图 5-15　云南省铅污染健康风险分区

八、云南省铅污染环境健康风险分区合理性分析

　　2010 年《重金属污染综合防治"十二五"规划》在云南省范围内划定 9 个铅污染防控区，主要分布于怒江、保山、曲靖、玉溪、红河和文山（图 5-16）。对比发现，依据上述方法划定的源人联控区完全包含于重金属防治规划重点防控区中。保山未被划分为源人联控区，其原因在于相对其他几个评价单元，其人口密度以及受影响人群比例均较低。由此可见，在省域尺度上，本分区方法可较好地识别出源人联控区，进行铅污染环境健康风险重点防控。

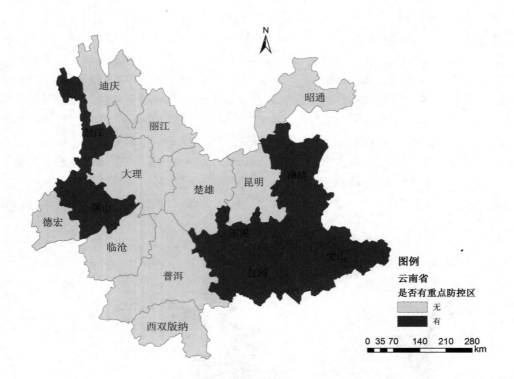

图 5-16   重金属防治规划铅污染重点防控区分布

第六章　云南省 ZH 镇铅污染环境健康风险分区研究

一、概述

重金属环境健康风险微观分区模型的实际应用，其目的是在较小的区域尺度上识别出重金属环境健康风险管理的基本单元，以指导日常风险管理工作。据此，以全国重金属污染的主要致害物——铅为典型污染物，选择在源—暴露和健康影响方面均具有代表性，且兼具研究可行性的 ZH 镇进行微观层面案例研究。

1. ZH 镇作为案例区的合理性和可行性分析

铅污染导致人群健康影响涉及三个关键环节：风险的产生，人群对风险的暴露和有效风险对人群产生影响。因此，从合理性角度而言，选择典型地区时，必须充分考虑这三方面的代表性。ZH 地区的铅污染源单一、集中，且对环境介质造成了历史累积性影响，因此在风险产生方面具有代表性。污染源周边居住着大量敏感人群，长期并全面地通过摄入、吸入和皮肤吸收等暴露途径受到铅暴露影响，并且已经出现了儿童血铅水平升高的现象，因此其在人群对风险的暴露和有效风险对人群产生影响两方面也具有良好代表性。同时，ZH 镇面积达 374 平方公里，不可能实现全面的铅污染防控，在管理上对环境健康分区分级重点防控有必要需求。

此外，区域内主要企业的相关污染物排放数据和环境监测数据相对全面可靠，可为研究的开展提供数据支撑。此外，目前已有一些机构和单位对 ZH 地区铅污染情况进行了相关调查，如 2007 年中南财经大学环境资源法研究所与自然资源保护委员会（NRDC）联合开展了"环境健康与法律"项目研究，将 HZ 县作为调查样本区，已获得了一些铅污染相关数据，可供本研究参考。同时，本公益项目课题组与云南省环境科学研究院、疾病预防与控制中心达成合作协议，其积极参与和配合可为现场调研工作的开展提供保证。

由此可见，ZH 镇不仅兼具影响人群健康三个关键环节的代表性，更具备开展研究的可行性。

2. ZH 镇基本情况

（1）自然环境概况

ZH 镇位于 HZ 县南部多雨区向北部少雨区的过渡地带，属温带季风性气候，干湿季节明显。夏季气候凉爽，空气湿润，雨量充沛，阴雨日数多；冬季气候干冷，雨量少，晴天多，风干物燥。年平均气温 12.6℃，年平均降水量 847.1 mm，无霜期 202 天。多年主导风向为西南偏西（WSW）风，年平均风速 2.6 m/s。ZH 区域地形呈坝区、二半山区、山区阶梯状分布。区域内山川相间排列，山区、河谷条块分布。地势大致四周高中间低，山势连绵起伏，坝区平坦开阔。区域大地构造单元属滇东北高原，乌蒙山主峰地带，平均海拔2 099 m，境内最高处二尖山海拔 2 587 m，最低点 ZH 湖海拔 2 020 m，其高程（DEM）如图 6-1 所示。

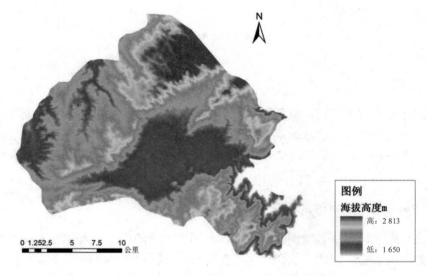

图 6-1　ZH 镇高程（DEM）图

ZH 坝区地质具有云贵高原岩溶地貌的特征，东北部石灰岩溶发达，西部为玄武岩地层结构。根据国家《建筑抗震设计规范》（GB 50011—2010），项目区抗震设防烈度为 8 度区第二组。ZH 镇属于牛栏江流域，金沙江上游。区域河流水系较为发达，有阿依卡小河、简槽河、钢铁河、矿山河、鲁机河、瓦窑河、后冲河等河流，最终经大海河汇入牛栏江。区内河流流域径流面积较小，天然来水量不足，不易形成常年性流水，区域水资源较为缺乏，如图 6-2 所示。

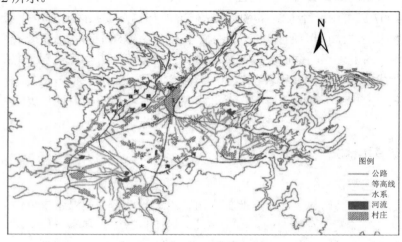

图 6-2　ZH 镇水系

　　ZH 镇土地资源类型多样，项目区以盆地地貌为主，兼有山地地貌特征，土壤主要为红壤。2009 年，ZH 镇总耕地面积为 59 393 亩，其中农田为 8 579 亩，旱地 50 814 亩。根据 2008 年土地利用数据，建设用地为 18 272.5 亩（包括居民点及独立工矿用地 15 797.1 亩，交通用地 1 397.1 亩、水利设施用地 1 078.3 亩），未利用土地为 65 242.8 亩（包括未利用土地 60 488.4 亩、其他土地 4 754.4 亩）。

　　HZ 县有多种矿产分布，截至 2000 年年底全县共发现 29 种矿产资源，有能源矿产、黑色金属、有色金属、贵金属、稀土、稀散金属、建筑建材矿产等，种类多，分布广，有色金属矿产资源主要分布在 ZH 及周边地区。经过勘查探明资源储量的矿产有 15 种，其中铅、锌、银、锗、铅、磷资源储量在全省名列前茅，铅锌矿储量约为 152.8 万 t。HZ 县境内矿产资源开发利用程度较高，发现的矿产中煤、铜、铅、锌、锗、银、铅、铁、硫、磷、石膏、重晶石、萤石、石灰石、白云石、大理石、砂岩、黏土、硅石、铝土矿、砂及地下热水等 20 余种已得到开发和利用。形成规模开发的有铅锌多金属矿、煤、砂、磷、石灰石、白云岩、石膏、大理石等 10 余种。

　　（2）铅污染源状况

　　HZ 县具有优越的有色金属成矿地质条件，矿产资源丰富，铅锌产量居全国同行业前六强，锗产量居全国之首，是我国重要的铅产地，并且也是我国重要的铅矿基地，有色金属产业历史悠久，拥有众多生产历史较长的铅冶炼企业。而铅锌冶炼和开采、铅蓄电池生产等工业性污染是造成大气、土壤和水体等环境介质铅污染的主要来源。

　　根据 HZ 县环保局对"涉重"企业进行的全面检查，全县有铅锌冶炼企业 34 家，其中 ZH 工业片区就有 33 家（图 6-3）。1951 年 HZ 铅锌矿建厂，至 20 世纪 80 年代，ZH 镇建立了 HZ 铅锌矿等一批骨干矿山、冶炼企业。21 世纪初，形成了以云南 CH 锌锗股份有限公司 HZ 分公司为代表的龙头企业，以及 HZ 滇北工贸有限公司、东兴实业有限公司为代表的民营企业等一批有色金属企业，初步形成了包括采矿、选矿、冶炼、资源综合利用在内的矿业产业链。然而大多数企业的生产工艺较为落后且环保意识不高，部分企业甚至未办理必要的环评审批手续。

　　CH 锌锗铅锌冶炼公司是 ZH 镇最大的铅锌冶炼企业，企业主要产品为粗铅、锌片、硫酸和锗，锌片产能约为 45 万 t/a，其产能在 ZH 镇占绝对主导地位（图 6-4）。冶炼厂区火法系统是废气产生的主要源头，包括鼓风炉炼铅尾气排放、烟化炉还原熔炼尾气排放、干燥窑脱水制团生产尾气排放、焙砂脱硫制酸尾气排放、锌粉生产尾气排放、锅炉房尾气排放等。铅炉窑建设年代较早，均没有安装脱硫设施。每年排放废气中的铅含量约为 745 kg，占区域总排放量的 57.6%。企业年废水中铅的年排放量约 6.3 kg，占区域总排放量的 10.93%。企业排放废水采用石灰乳中和法和重金属絮凝剂沉淀法处理，全厂外排废水经处理达到《污水综合排放标准》（GB 8978—1996）二级标准后，部分回用，剩余经管道排至牛栏江。每年产生含汞、镉、铬、铅、砷的固体废物约 30 万 t。

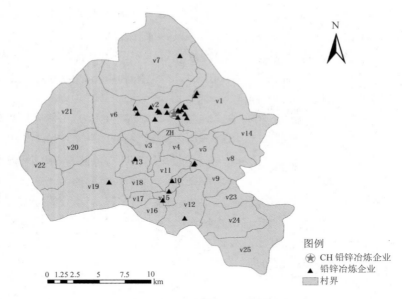

图 6-3   ZH 镇涉铅企业分布

图 6-4   云南 CH 股份有限公司位于 HZ 镇生产铅锌冶炼基地

（3）环境铅污染

HZ 县矿产开采、冶炼加工主要集中在 ZH 区域，涉铅企业的集中存在、生产工艺的相对落后、长期大量的历史积累等因素都使案例区的环境承受了巨大的铅污染压力，区域内长期的矿产开采、冶炼加工过程中累积形成的重金属污染问题已经开始显露。各类涉铅企业每年通过废气和固体废物向环境中排放了大量的污染物质并使案例区域环境质量急剧恶化。2010 年 ZH 区域主要河流镉浓度最高为 2.692 mg/L，超标 537 倍；锌浓度最高为 276.84 mg/L，超标 275 倍。空气中铅浓度最高为 9.66 μ/Nm³，超标 12.8 倍。土壤中铅、锌、镉超标严重，区域内约 60 km² 的土壤受到不同程度的污染，其中重度污染面积达到 22 km²；

当地土壤铅含量平均值约为 200 mg/kg；同时，地下水铅含量也有超标情况，均值约为 1.6 mg/L。

（4）人群健康现状

各种环境介质中的铅可能通过摄入、吸入和皮肤吸收等途径进入人体，造成不同程度的健康损害。目前，全县人群死因主要包括肿瘤、心血管系统疾病、呼吸道疾病、意外事故等。在前期工作中，HZ 县疾控中心曾对 5 所小学的学生进行了血铅水平检测，其中 4 所学校超过 50%的儿童血铅水平大于 100 mg/L，即半数以上的儿童处于高铅血症水平。由于铅对儿童健康的危害较大且健康损坏不可逆，可见铅污染对案例区环境以及敏感人群的影响非常严重。

二、ZH 镇铅污染环境健康风险分区基本单元

村是我国政府管理体系中最基本的法定最小管理单元，是行政管理资源配置和管理工作绩效考核的基元，因此遵循不打破行政区划的原则，以 ZH 镇辖区内的自然村为分区基本单元。ZH 镇共有 26 个铅污染环境健康风险分区单元。

三、ZH 镇铅污染环境健康风险分区指标体系

将第二章提出的重金属环境健康风险微观分区方法应用于 ZH 镇铅污染健康风险分区研究。这一案例区的特征污染物是重金属铅，大量文献表明重金属铅主要附着在微小颗粒物上随大气迁移，并通过沉降作用进入土壤，继而富集至作物中并被人体摄入，或是作为土/尘被直接摄入，即其从源到人转移途径的媒介主要为大气和土壤。同时，案例区内地表水资源稀少。

因此，案例区的居民对重金属的暴露模式主要包括三种：大气、土壤的混合暴露，土壤的单一暴露，以及二者均达标。因此，这一微观区域尺度上风险分区指标体系忽略了区域间环境抵抗力的差异对风险的影响，但考虑了暴露环境对"有效"健康风险的作用，仅考虑风险源的危险性、暴露风险可达性以及区域人群易损性三个维度。由于在 ZH 镇各分区单元自产食物的比例不可及以及区域地表水资源的稀少，因此忽略这些指标要素的影响，形成了如表 6-1 所示的指标体系。

表 6-1　ZH 镇铅污染环境健康风险指标体系

目标层	准则层	指标层
重金属环境健康风险指数（R）	风险源的危险性（Y_1）	大气重金属超标倍数（y_{11}）
		土壤重金属超标倍数（y_{12}）
	区域人群易损性（Y_2）	区域人口密度（y_{21}）
	暴露风险可达性（Y_3）	居住地离污染源的距离与卫生防护距离之比（y_{31}）

四、ZH 镇不同评价单元人群铅污染暴露模式

案例区的典型污染物铅，主要通过空气吸入与土壤—膳食/尘经口摄入暴露的特征，依据第二章重金属环境健康风险分区方法确定各评价单元的暴露模式。

1. 混合暴露模式影响范围

根据案例区的铅污染特征，混合暴露模式是指居住地离污染源的距离与该污染源的卫生防护距离小于 1 的范围。根据主导因素原则，选择案例区内的 CH 锌锗公司（图 6-3）为典型污染源，根据公式 2-37 可计算铅污染卫生防护距离。

《铅、锌工业污染物排放标准》（GB 25466—2010），铅及其化合物大气污染物排放浓度限值为 10 mg/m³（表 6-2），无组织排放在企业边界大气铅污染物浓度限值为 0.006 mg/m³。产生大气污染物的生产工艺和装置必须设立局部或整体气体收集系统和集中净化处理装置。所有排气筒高度应不低于 15 m；排气筒周围半径 200 m 范围内有建筑物时，排气筒高度还应高出最高建筑物 5 m 以上；如因生产工艺等条件的限制，只能设置低于 15 m 的排气筒，该排气筒按无组织排放源对待。

表 6-2　现有企业大气污染物排放浓度限值　　　　单位：mg/m³

序号	污染物	适用范围	限值	污染物排放监控位置
1	颗粒物	干燥	200	污染物净化设施排放口
		其他	100	
2	二氧化硫	所有	960	
3	硫酸雾	制酸	35	
4	铅及其化合物	熔炼	10	
5	汞及其化合物	烧结、熔炼	1.0	

根据云南 CH 锌锗股份有限公司 2011 年度环境报告书，2011 年排气筒废气监测达标，年废气排放量为 70 917×10⁴m³，年生产小时为 7 920 h。按排放浓度限值为 10 mg/m³ 进行计算，铅的排放速率为 0.895 kg/h。使用 Google Earth 测量企业面积约为 0.02 km²。

根据《制定地方大气污染物排放标准的技术方法》（GB/T 3840—91）中给出的卫生防护距离计算公式进行计算，Q_c=0.895 kg/h，C_m=0.006 g/m³，年平均风速 2.8 m/s，r=25.23 m，工业企业大气污染源选择Ⅲ类（无排放同种有害物质的排气筒与无组织排放源共存，且无组织排放的有害物质的容许浓度是按慢性反应指标确定者），查表得 A=350，B=0.036，C=1.77，D=0.84。代入公式得到 CH 锌锗公司的卫生防护距离为 1 418.82 m。由此可见，v1、v2、ZH 镇的居民处于混合暴露模式的影响范围内。

2. 单一暴露模式影响范围

为了确定单一暴露模式影响范围，以现场调查的土壤样品检测结果为基础，利用 ArcGIS 的插值工具估计案例区土壤铅浓度的分布情况如图 6-5 所示，其与 CH 锌锗公司距离关系为：C_{soil} = 1 226.775×d$^{(-1.021)}$（C_{soil} 为表层土壤浓度，mg/kg；d 为采样点与 CH 锌锗公司污染源的直线距离，km）。在 GIS 系统中结合该曲线以及 ZH 镇地形信息对 ZH 镇土壤铅含量进行协同克里金插值可得到 ZH 镇土壤铅含量水平（图 6-6）。

由于案例区属于农村地区，因此采用《土壤环境质量标准（GB 15617—1995）》中的二级标准作为划分单一暴露区和安全区的依据。根据土壤铅含量插值结果可以认为 v20、 v22、v19、v13、v18、v17、v16、v15、v10、v12、v9、v8、v14、v23、v24、v25 共 16 个村落土壤铅含量水平小于 300 mg/kg，符合土壤环境质量二级标准。

3. 各评价单元的暴露模式

各行政单位以其面临的最高强度的暴露模式为准，确定各评价单元的暴露模式，结果显示：v1、v2、ZH 镇处于混合暴露模式的影响范围；v7、v6、v21、v3、v4、v11 和 v5 7 个行政村为单一暴露模式；v20、v22、v19、v13、v18、v17、v16、v15、v10、v12、v9、v8、v14、v23、v24 和 v25 16 个村落处于相对安全水平（图 6-7）。

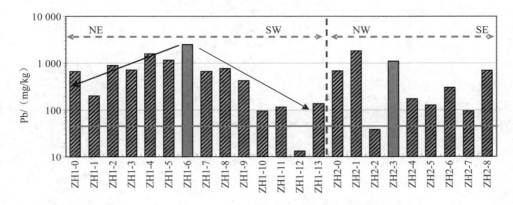

图 6-5　ZH 镇距 CH 污染源表层土壤样铅含量

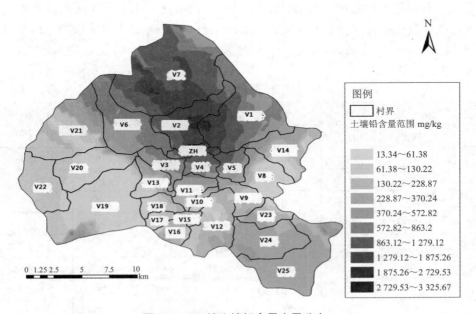

图 6-6　ZH 镇土壤铅含量水平分布

图 6-7　ZH 镇铅暴露模式示意

五、ZH 镇不同评价单元人群易损性

由于案例区地域面积较小，难以获得精确的人口详细数据，故默认为邻近地区的人口结构相似，以暴露人群密度（PP_i）与区域平均人口密度之比表征区域人群易损性（S）。根据人口统计数据得各评价单元区域人口密度如表 6-3 所示，而 ZH 镇的平均人口密度：PP_0=252.4（人/km^2）。当 $S>1$ 时，表明区域人群易损性较高，反之则相对较低。

表 6-3　案例区各村人口密度　　　　　　　　　　PP_0，人/km^2

行政村	人口数	PP_i	行政村	人口数	PP_i	行政村	人口数	PP_i
v1	4766	198.5	v9	4 416	604.1	v18	4 425	439.9
v2	3130	274.3	v10	3 613	1 439.4	v19	5 246	162.8
ZH 镇	4669	1 241.8	v11	3 951	525.4	v20	2 236	152.8
v3	4025	659.8	v12	1 392	58.0	v21	1 538	90.5
v4	2716	452.7	v13	6 008	1 059.6	v22	1 903	198.4
v5	3372	574.4	v14	921	59.4	v23	585	67.5
v6	1538	102.5	v15	6 123	2 449.2	v24	2 758	153.2
v7	3230	98.7	v16	2 154	299.2	v25	2 398	95.9
v8	2872	224.6	v17	3 150	720.8			

六、ZH 镇铅污染环境健康风险分区

根据各评价单元的暴露模式以及区域人群易损性特征，将 ZH 镇划分为四类风险管理类型区（图 6-8）。v2、ZH 镇受混合暴露模式影响，属于铅污染环境健康风险重点防控区。v1 辖区内的居民虽然通过混合暴露于环境铅污染，区域内人群易损性较低，因此在风险管理时通过人群搬迁以降低风险的影响。在暴露干预区内，人群主要通过土壤—膳食摄入途径暴露于环境铅污染，因此风险管理的关键在于切断这一暴露途径，降低当地自产食物的消费比例，而在常规监测区则只需实施动态监测管理，以防止新的风险出现，或在新风险出现时及时采取相应的措施，以保护区域人群健康。

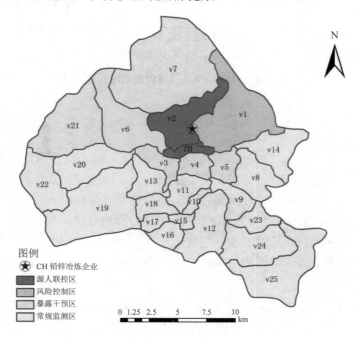

图 6-8　ZH 镇铅污染环境健康风险分区示意

七、ZH 镇铅污染环境健康风险分区合理性分析

血铅是国际上用以表征人体铅负荷较为通用的生物标志物之一。ZH 镇 8 个调查村 2～14 岁儿童血铅水平的调查结果显示，儿童实测血铅水平距离污染源越远血铅水平呈逐渐降低的趋势（图 6-9）。反观 ZH 镇铅污染环境健康风险分区结果，源人联控区主要分布在污染源周边的现象是合理的，相关评价单元血铅水平及分区类型如图 6-10 所示。通过上述对比发现，采用微观分区方法对微观小区域进行铅污染健康风险分区具有合理性。

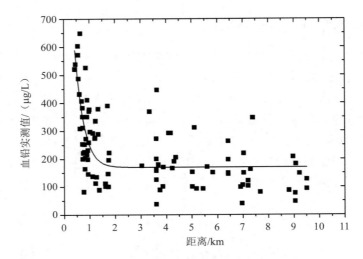

图 6-9　ZH 镇铅污染环境健康风险分区示意

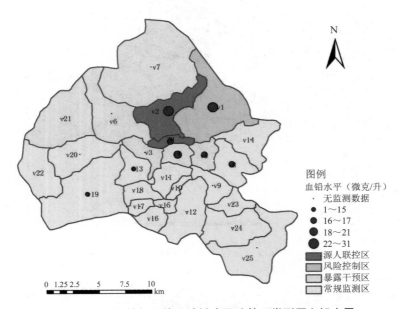

图 6-10　ZH 镇铅污染环境健康风险管理类型区血铅水平

第七章　DY县镉污染环境健康风险分区研究

一、概述

重金属环境健康风险微观分区模型的实际应用，其目的是在较小的区域尺度上识别出重金属环境健康风险管理的基本单元，以指导日常风险管理工作。据此，本章节以暴露途径比较单一的重金属环境健康致害物——镉为目标污染物，选择兼具代表性和可行性的DY县开展案例研究。

1. DY县作为镉污染案例区的合理性和可行性分析

江西省DY县作为重金属镉污染风险评估的案例点，其典型性表现为：从污染与角度看，该区域为我国较大、污染程度较重的镉污染区，自20世纪80年代针对该地区曾开展过一些小范围的环境与健康抽样调查（550人规模），1986年进行的调查有力地支持了我国《环境镉污染健康危害区判定标准》（GB/T 17221—1998）的编制工作。2005—2007年，相关单位又对DY县镉污染区进行过人群健康的追踪观察和大米镉污染情况的调查，目前已掌握约900份大米镉含量数据和全县农业人口数据，可以较快地开展实际调查工作；从暴露渠道看，DY县镉污染区人群的暴露途径单一（以经口摄入为主），便于估算人群累积暴露水平和追踪暴露来源，从而较准确地评价"源—暴露—健康效应"的相互关系，其调查结果又可作为其他暴露途径多样化、难以估算暴露水平地区人群健康影响的标尺，来评价该地区环境镉污染的人群健康危害程度；从人群看，当地人口规模和结构均相对稳定，以农村人群为主，人口流动不明显，收入相对较低、相关公共服务属欠发达地区平均水平。

2. DY县基本情况

（1）自然环境概况

DY县位于江西省西南边缘，居章江上游，大庾岭北麓。全县东西长约127.5 km，南北宽约25 km，呈东西长、南北宽的长条形状，国土面积1 367 km² （图7-1）。三面环山，地势西高东低，以低山丘陵为主。县域内河流密布，纵横交错，属于赣江支流－章水为主干流的Z江流域，Z江发源于崇义县聂都乡的东岾脑和鲤鱼山中，自西向东贯穿全境流入南康市。自然环境优越，气候温和，属中亚热带季风湿润气候区，气候特点是温暖湿润，四季分明，热量丰富，雨水充沛，春温多变，夏涝秋旱，冬寒期短，无霜期长。年最高气温42.7℃，最低气温零下7.2℃，年平均温度20.54℃，年降雨量1 458 mm，日照时间1 499.3小时，光照率39%，全年无霜期长达301天，夏冬时长，春秋时短。DY县辖XC（T1）

镇、CJ（T2）镇、QL（T3）镇、JC（T6）镇和FJ（T4）乡等8镇3乡。

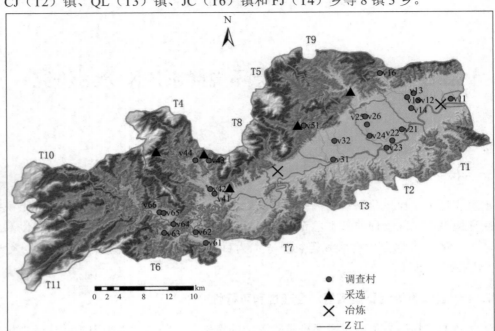

图7-1　DY县地形

DY县境西北部山脉受燕山期地质构造运动的影响，形成全世界著名的钨矿床，蕴藏丰富的矿产资源。境内矿产面积约30 km²，大小矿脉有3 000余条。矿床矿物类较多、计有48种，金属矿物以黑钨矿为主，伴有锡石、辉钼矿、辉铋矿、绿柱石、白钨矿等，非金属矿主要有石英、钾长石等。盛产钨、锡、钼、镉、锌、铜、铋、铍、银等有色金属，及钽、铌、石英石、石灰石、白云白、瓷土等，其中钨资源居世界之首，有西华山、荡坪、漂塘、下垄等大钨矿。钨矿采选和冶炼行业成为了DY县支柱产业之一。

（2）DY县镉污染源状况

全国第一次污染源普查动态更新数据显示，2010年DY县共有涉及重金属排放企业57家，其中涉及重金属镉排放企业（以下简称"涉镉企业"）40家，涉镉企业涵盖了钨钼矿采选、钨钼矿冶炼、铜矿采选、铜矿冶炼、镍钴冶炼和锡冶炼六行业，其中钨矿采选和冶炼是最主要的污染源，主要分布于T1、T3、T5和T4等乡镇。钨钼矿采选类企业数量最大，占DY县涉镉企业数量的72.5%；污染源普查动态更新数据：全县2010年废水重金属镉产生总量为 555.23 kg，排放量为 417.14 kg。其中，钨钼矿采选行业镉排放量为390.58 kg，占全县排放总量的93.6%。全县2007年和2010年废水镉排放量分行业统计情况（图7-2）。

图 7-2　2010 年 DY 县废水镉排放量分行业统计

　　钨矿采选和冶炼行业是 DY 县主导产业之一，钨钼矿采选类企业产生的特征污染物主要通过废水和固体废物排放。其中，废水主要有选矿废水、废石堆场淋溶水和尾砂库废水三类，固体废弃物主要有选矿废石和尾矿（砂），另外还有矿石破碎过程中产生的粉尘。DY 县有多个钨矿开采区及尾矿坝，目前主要废水排放的涉镉企业主要分布在 T7 镇、T4 乡、T8 镇、T1 镇，T7 镇为 DY 县政府驻地，城镇化率较高，居民多食用外购大米，饮用自来水，暴露计算需细化研究，而 T8 镇和 T5 镇主要是山区，且 T8 镇企业排放的废水主要影响 T1 镇的茶园河，T5 镇企业排放的废水主要影响 T3 镇的垄涧里河。

　　在此范围内共有钨钼矿采选企业 9 家，主要集中在 Z 江支流的 CY 河、FJ 河和 LJL 河。其中，LJL 河流域钨钼矿开采量最大，其次是 FJ 河流域和 CY 河流域。其中 7 家企业（5 家钨钼矿采选企业、2 家钨钼矿冶炼企业）的镉排放数据如表 7-1 所示。

表 7-1　案例区内调查钨钼矿企业的镉排放情况

行业	名称	所属流域	废水镉排放量/（kg/a）	固废镉堆存量/（kg/a）
采选	DP 钨业	FJ 河	11.86	31.38
	HD 矿业	FJ 河	0.01	73.00
	XHS 钨业	FJ 河	0.00	233.70
	PT 钨业	LJL 河	0.00	3 000.00
	XL 钨业	CY 河	0.00	26.53
冶炼	JC 钨业	Z 江	0.30	246.41
	LXT 钨业	Z 江	0.00	174.21

　　其中，XHS 钨矿尾砂库已闭库，尾砂库面积 1.07 km^2，库区比较干燥，只有小部分地势比较低的地段比较湿润。DP 钨矿尾砂库已停止继续堆积尾砂，尾砂库面积 3.51 km^2，在靠近库坝区地势较低的地段出现部分浅水区，水深约 0.50 m。PT 钨矿尾砂库目前仍在营业，库区面积有 0.34 km^2，在库坝附近一侧有部分水区和湿润区。XL 钨矿尾砂库已闭矿，库区面积有 0.24 km^2，但矿产废水仍从上面流入尾砂库，因此，尾砂库入口处部分地段有水或潮湿。LJL 河流域特征污染物产生量最大，其次是 FJ 河流域、CY 河流域；LJL 河流域无废水排放，FJ 河流域特征污染物排放量最大，其次为 CY 河流域。

（3）环境镉污染

长期钨钼矿采选和冶炼造成 DY 县土壤中镉含量较高，污染持续时间长，人群暴露量大。其中，经济最为活跃的区域在东部，为环境镉污染区，有人口 20 多万，主要的经济活动为柑橘和水稻种植等农业生产。以县城 T7 镇为界，西偏北部为非污染区，居住人口近 3 万人，主要的经济活动为林业和农业生产，因此在典型案例区内确定了研究区域和对照区。其中，涉镉污染区包括 T1 镇、T2 镇、T3 镇、T5 镇和 T4 乡五个乡镇，对照区为 T6 镇。

污染区土壤和沉积物污染严重，大气、地表水和地下水环境质量总体较好。综合分析污染源调查结果与环境调查结果，可进一步判定位于钨钼矿采选企业是流域重金属镉污染的主要来源，排放至环境中的镉通过长期灌溉、洪水漫淹方式污染农田土壤。污染区调查农田土壤镉普遍超标，且污染水平显著高于对照区（表 7-2）。

表 7-2　研究区农田土壤镉污染水平

调查点		水田			旱田		
		N	Mean/（mg/kg）	超标率/%	N	Mean（mg/kg）	超标率/%
污染区	T4 乡	67	1.28	97.02	10	1.32	90.00
	T3 镇	84	0.56	53.57	16	0.71	50.00
	T2 镇	33	0.30	39.39	82	0.24	25.61
	T1 镇	118	0.51	31.58	19	0.34	50.85
对照区	T6 镇	79	0.17	2.53	15	0.23	20.00

注：《土壤环境质量标准》（GB 15618—1995）二级标准（pH<6.5），镉浓度限值为 0.30 mg/kg。

　　N 为采样的样本数，Mean 为土壤镉浓度平均值。

T4 乡水田、旱地土壤镉含量最高，分别超过《土壤环境质量标准》（GB 15618—1995）二级标准的 3.25 倍、3.42 倍，是对照区的 7.59 倍、5.79 倍；案例区大气、地表水和地下水环境质量总体较好，镉含量均符合国家环境质量标准（表 7-3）。

表 7-3　大气、地表水、地下水环境中镉平均浓度

调查点		大气			地表水		地下水	
		N	PM_{10}/（μg/m³）	Cd/（μg/m³）	N	Cd/（μg/m³）	N	Cd/（mg/L）
污染区	T4 乡	4	26	2.70	9	3.74×10^{-3}	—	—
	T3 镇	4	38	2.20	8	0.96×10^{-3}	8	0.27×10^{-3}
	T2 镇	4	59	1.80	6	0.38×10^{-3}	17	0.28×10^{-3}
	T1 镇	4	36	1.61	7	1.34×10^{-3}	19	0.34×10^{-3}
对照区	T6 镇	4	32	0.74	3	0.04×10^{-3}	4	0.57×10^{-3}

注：《环境空气质量标准》（GB 3095—2012）二级标准，PM_{10} 日均浓度二级标准限值为 150 μg/m³；《地表水环境质量标准》（GB 3838—2002）III 类水质标准，镉浓度限值为 0.005 mg/L；《地下水环境质量标准》（GB/T 14848—93），镉浓度限值为 0.01 mg/L。

二、DY 县镉污染环境健康风险分区基本单元

村是我国政府管理体系中最基本的法定最小管理单元，是行政管理资源配置和管理工作绩效考核的基本单元，因此遵循不打破行政区划的原则，以 DY 县选定的研究区内 25 个自然村为分区基本单元。

三、DY 县镉污染环境健康风险分区指标体系

将第二章提出的重金属环境健康风险微观分区方法应用于镉污染健康风险分区研究。这一案例区的特征污染物是重金属镉，主要存在于钨钼采选企业和钨钼冶炼企业。矿产采选企业产生的大量尾矿存放于尾矿库中，受自然条件下的物理化学作用进入周边土壤，尾矿沉淀后的废液进入地表水体中；冶炼企业排放大量污废水，进入地表水，通过饮用水、皮肤接触等方式进入人体；各种废水随地表水迁移至河流下游，影响下游水质，环境土壤长期累积重金属，导致土壤污染，继而富集至作物中并被人体摄入，或是作为土/尘被直接摄入；即其从源到人转移途径的媒介主要为水和土壤，因此案例区不同区域的暴露模式主要包括三种：水和土壤的混合暴露、土壤的单一暴露以及各暴露途径介质均达标。

这一微观区域尺度上风险分区指标体系忽略了区域间环境抵抗力的差异对风险的影响，但考虑了暴露环境对"有效"健康风险的作用，仅考虑风险源的危险性、暴露风险可达性以及区域人群易损性三个维度。由于在 DY 县各分区单元自产食物的比例不可及，且不存在含镉废弃物的排放，以此忽略这些要素对区域环境健康风险的影响，最终的指标体系如表 7-4 所示。

表 7-4 镉污染环境健康风险微观分区指标体系

目标层	准则层	指标层
重金属环境健	风险源的危险性（Y_1）	土壤重金属超标倍数（y_{12}）
		水体重金属超标倍数（y_{13}）
康风险	区域人群易损性（Y_2）	区域人口密度（y_{21}）
指数（R）	暴露风险可达性（Y_3）	居住地离污染源的距离与受污染河流长度之比（y_{31}）

四、DY 县不同评价单元人群铅污染暴露模式

针对案例区以镉为典型污染物，水体皮肤接触与土壤—膳食经口摄入为主要暴露途径的特征，依据第二章重金属环境健康风险分区方法确定各评价单元的暴露模式。

1. 混合暴露模式影响范围

根据零维模型，按公式 2-38～2-40 计算各主导镉污染源的河流受污染长度，由于区域内地表水水质均达Ⅳ类水标准（镉含量小于 0.01 mg/L），故混合暴露区的河长使用水质模型—混合过程段长度计算，混合过程段长 69 m；根据水质一维模型计算，在废水排放口下游的地表水水质达Ⅳ类水标准（镉含量小于 0.005 mg/L）时，离排放口 11.4～14.4 km，相

关参数及计算结果如表 7-5 所示。

表 7-5　DY 县各主要河流受镉污染长度

排污企业	流域范围	镉排放浓度/（g/L）	镉日排放量/g	日均废水量/t	C_0/（mg/L）	m	X/km
DP 钨业	FJ 河	14.84	234.00	15 800	8.68	1.000 004	114.32
HD 矿业	FJ 河	11.38	1.00	120	9.99	1.000 004	143.49
XHS 钨业	FJ 河	5.77	0.43	75	9.99	1.000 004	143.58
PT 钨业	LJL 河	41.59	0.00	0	10.00	1.000 004	143.73
XL 钨业	CY 河	0.23	0.23	1 000	9.90	1.000 004	141.74
JC 钨业	Z 江	1.68	1.00	600	9.94	1.000 004	142.53
LXT 钨业	Z 江	0.38	0.32	837	9.92	1.000 004	142.06

2. 单一暴露模式影响范围

通过现场调查，收集了 25 个村的土壤镉污染数据，结果有 11 个村的土壤镉浓度超过二级土壤质量标准（0.3 mg/kg）（表 7-6）。

表 7-6　DY 县各评价单元土壤调查质量状况

自然村	平均值	超标倍数	达标情况	自然村	平均值	超标倍数	是否达标
v16	0.836 6	2.79	否	v43	1.254 6	4.18	否
v31	0.471 5	1.57	否	v13	0.581 2	1.94	否
v51	0.517 0	1.72	否	v24	0.244 9	0.82	是
v41	2.035 9	6.79	否	v64	0.147 3	0.49	是
v22	0.293 7	0.98	是	v42	1.420 4	4.73	否
v61	0.199 3	0.66	是	v11	0.346 1	1.15	否
v14	0.274 2	0.91	是	v21	0.236 0	0.79	是
v32	0.679 6	2.27	否	v23	0.352 9	1.18	否
v15	0.110 5	0.37	是	v26	0.229 3	0.76	是
v25	0.231 0	0.77	是	v12	0.222 9	0.74	是
v63	0.190 5	0.64	是	v62	0.236 3	0.79	是
v44	0.794 3	2.65	否	v65	0.179 3	0.60	是
v66	0.154 3	0.51	是				

3. 各评价单元的暴露模式

各评价单元以其面临的最高强度的暴露模式为准，确定各评价单元的暴露模式，结果显示：T1 镇 v11 和 v16、T5 镇 v51、T4 乡的 v44、v41 和 v43 处于受污河流长度范围内，区域人群可能经水暴露于镉污染的风险中；结合表 7-6 各评价单元土壤镉污染水平，可将各评价单元的暴露模式划分为如表 7-7 所示。

表 7-7 DY县各评价单元人群暴露模式

乡镇	自然村	土壤	水	大气	暴露模式
T1镇	v16	不达标	受污河流范围内	达标	混合暴露模式
	v14	达标	—	达标	弱暴露模式
	v15	达标	—	达标	弱暴露模式
	v13	不达标	—	达标	单一暴露模式
	v11	不达标	受污河流范围内	达标	混合暴露模式
	v12	达标	—	达标	弱暴露模式
T2镇	v25	达标	—	达标	弱暴露模式
	v24	达标	—	达标	弱暴露模式
	v21	达标	—	达标	弱暴露模式
	v23	不达标	—	达标	单一暴露模式
	v26	达标	—	达标	弱暴露模式
	v22	达标	—	达标	弱暴露模式
T4乡	v41	不达标	受污河流范围内	达标	混合暴露模式
	v44	不达标	受污河流范围内	达标	混合暴露模式
	v43	不达标	受污河流范围内	达标	混合暴露模式
	v42	不达标	—	达标	单一暴露模式
T3镇	v31	不达标	—	达标	单一暴露模式
	v32	不达标	—	达标	单一暴露模式
T6镇	v61	达标	—	达标	弱暴露模式
	v63	达标	—	达标	弱暴露模式
	v66	达标	—	达标	弱暴露模式
	v64	达标	—	达标	弱暴露模式
	v62	达标	—	达标	弱暴露模式
	v65	达标	—	达标	弱暴露模式
T5镇	v51	不达标	受污河流范围内	达标	混合暴露模式

注：由于环境质量达标并不意味着"零暴露"，故弱暴露模式即处于相对安全的暴露水平。
上表中，"—"表示该评价单元未处于企业排污影响河流的范围。

五、DY县案例区不同评价单元人群易损性

由于案例区地域面积较小，难以获得精确的人口详细数据，故默认为邻近地区的人口结构相似，以暴露人群密度（PP_i）与区域平均人口密度之比表征区域人群易损性（S）。各评价单元人群易损性利用其所在乡镇的暴露人群密度（PP_i）与区域平均人口密度之比表示（表7-8）。

表 7-8　DY 县案例区不同评价单元镉污染人群易损性

乡镇	评价单元	PP_i
T1 镇	v16、v14、v15、v13、v11、v12	2.06
T2 镇	v25、v24、v21、v23、v26、v22	1.76
T4 乡	v41、v44、v43、v42	0.26
T3 镇	v31、v32	1.66
T6 镇	v61、v63、v66、v64、v62、v65	0.28
T7 镇	—	2.62
T9 镇	—	0.80
T5 镇	v51	0.54
T8 镇	—	0.76

注："—"表示未在该镇进行环境调查。

六、DY 县镉污染环境健康风险分区

根据各评价单元的暴露模式以及区域人群易损性特征，将 DY 县划分为四类风险管理类型区（图 7-3）。

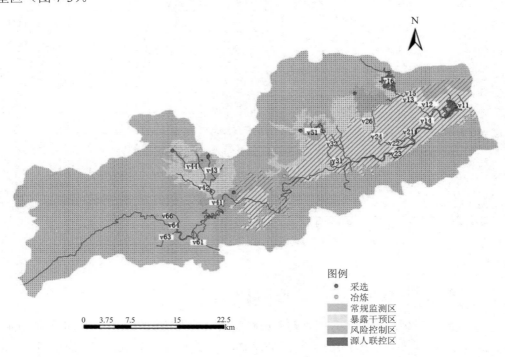

图 7-3　DY 县镉污染环境健康风险分区示意

T1 镇的 v11 和 v16 不仅受水体、土壤双重暴露的影响，而且人群易感性均大于 1，属于源人联控区，需对镉污染环境健康风险进行重点防控。一方面，针对混合暴露模式的风险特征，不仅需要通过防控土壤环境中的镉通过植物吸附—膳食途径进入人体，还需关注受镉污染水体对人群造成的影响。另一方面，针对人群易感性高的风险特征，可通过宣传教育、政府资助等方式帮助其进行土壤修复或改变区域种植结构以及加强改水工程。

T4 乡的 v41、v44、v43 和 T5 镇的 v51 不仅处于受污河流长度范围内，且区域土壤出现镉污染超标现象，但区域内人群密度较低，易损性相对较弱，故划分为风险控制区。该区域的风险控制重点在于对较少的人群进行健康教育，甚至可将较少的人群的迁移出这一污染区域。

T1 镇的 v13、T2 镇的 v23、T4 乡的 v42、T3 镇的 v31 和 v32，除土壤镉污染水平外，其他环境质量均处于达标水平。因此，这一区域的风险管理重在针对这单一暴露途来源进行干预，称为暴露干预区。可以针对土壤—膳食—消化道是主要暴露途径的特征，对区域的种植结构进行调整，或对人群易损性较高的区域土壤进行修复。

其他区域环境质量状况良好，人群处于相对安全的暴露水平范围内，但由于区域经济发展，人类活动的复杂多样化，可能引入新的污染源，因此需要对此区域进行常规监测，也称为常规监测区。

七、DY 县镉污染环境健康风险分区合理性分析

由于镉随水系迁移，故本次研究仅对沿水系两岸的 17 个实际行政村进行调查，其余地区根据表层土壤质量标准进行分区（图 7-4）。实测值分区结果与通过水质一维模型等模型集合进行的分区结果基本一致，大部分参与调查的行政村土壤质量情况与预测类似，仅 T5 镇 v51 的土壤镉含量很低，T3 镇的 v32 和 T5 镇的 v51 的土壤镉含量较高，可能因为 v51 为矿山地区，山地的重金属含量变异很大，且废水未流经该地区，而 T3 镇位于 PT 钨业的下游，废水进如 LJL 水库，随水系迁移、富集于下游的土壤中。池江的 v23 和 v22 的土壤镉含量较高，而 T1 镇的 v11 的土壤镉含量较低，v23 和 v22 位于 YM 河与 Z 江的汇流处，上游的镉污染在此地富集，同时该地区附近可能存在未调查的污染源，而 v11 位于 JC 冶炼厂附近，冶炼厂镉排放相对较少，且废水经污水处理厂处理后排放，故危害较少。

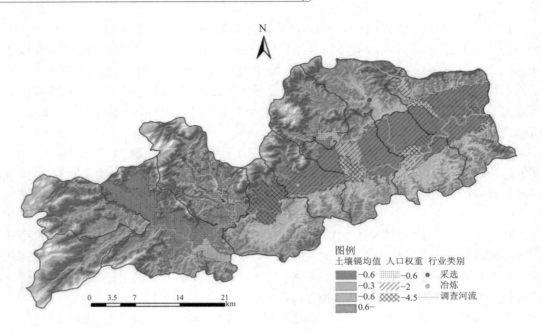

图 7-4　DY 县调查区域土壤镉污染示意

第八章　ZH 镇铅污染环境健康风险分级研究

一、概述

重金属环境健康风险分级的目的是以高危风险源或已发的风险事件为研究对象，开展健康风险评价，以识别不同区域的风险管理优先序。据此，以我国重金属污染的主要致害物——铅为典型污染物，选择铅污染源单一、集中，且对环境介质造成了历史累积性影响的 ZH 镇为案例区进行健康风险分级研究。由于案例区的基本特点已在第七章进行了阐述，故在此章节不再进行赘述。

相较于成人而言，儿童摄入铅的总量高、吸收率高、排除率低，是铅暴露的易感人群；而且儿童身体各系统尤其是中枢神经系统对铅暴露非常敏感，即使是长期低水平的铅暴露也易造成儿童不可逆的健康损失。因此，选择儿童作为铅污染健康风险评价的易感人群，并以儿童血铅水平（Blood Lead Level，BLL）作为铅的暴露及健康效应验证指标。

二、ZH 镇铅污染环境健康风险评价

国际癌症研究协会判定铅为非致癌物，故根据第三章非致癌物环境健康风险评价模型计算区域环境健康风险，这一过程关键在于通过计算各年龄组儿童在呼吸、摄入以及皮肤暴露途径下的年均暴露量（annual exposure dose，AED），以及各年龄组儿童的平均体重和暴露时间，估算出 0～7 岁儿童时期单位体重日均暴露剂量（average daily dose，ADD）。

1．环境介质浓度

（1）室外尘土铅含量

以主导污染源——CH 冶炼厂为中心，在其主导风向下风带、次主导风向下风带及非主导风向下风带的 v1、v2 等 8 个行政村的 102 份室外尘实测数据，结合调查区地形地貌以及采样点距冶炼厂的相对距离进行协同克里金插值，得出如图 8-1 所示的室外尘铅含量空间分布图。根据插值结果，估算出[①]各村的室外铅尘的平均水平（表 8-1）。

---

① 各评价单元（村）室外尘的平均铅含量通过 $\bar{C}_1 = K_1 \times MEAN_1 + K_2 \times MEAN_2 + \cdots + K_n \times MEAN_n$ 计算，其中 K_n 为第 n 个铅含量水平所占面积与该村总面积的比，满足 $K_1 + K_2 + \cdots K_n = 1$；$MEAN_n$ 为 GIS 系统计算所得的第 n 个铅含量水平区间的平均值。

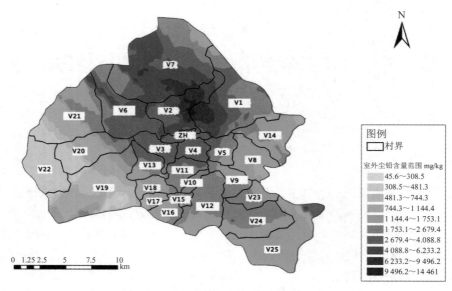

图 8-1　ZH 镇室外尘铅含量范围示意

（2）室内尘土铅含量

对应于室外尘，在各室外尘采样居民户（或学校）采集 101 份室内尘土样品的实测数据，结合调查区地形地貌以及采样点距冶炼厂的相对距离，进行协同克里金插值可得到如下结果，得出如图 8-2 所示的室内尘铅含量空间分布图，并根据相同的方法计算出各评价单元的室内尘土铅含量（表 8-1）。

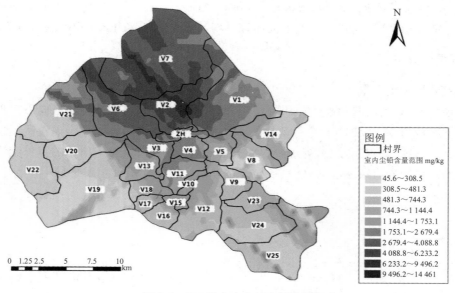

图 8-2　ZH 镇室内尘铅含量范围示意

（3）室外空气铅含量

第六章的测算结果表明：v1、v2 和 ZH 镇处于卫生防护距离影响范围内，大气中铅含量，取卫生防护距离内大气铅含量标准。另外，根据《环境影响评价技术导则—大气环境》（HJ 2.2—2008）中的大气环境防护距离模式可计算无组织排放源的大气环境防护距离。取面源有效高度为 15 m，企业占地宽 100 m，长 200 m，污染物排放率为 0.895 kg/h，评价标准采用《环境空气质量标准》（GB 3095—2012）中铅浓度限值季平均值 1.0 μg/m^3，使用环境保护部环境工程评估中心发布的大气环境防护距离标准计算程序计算得大气环境防护距离为 3 050 m，涉及行政单元包括 v3、v4、v5、v6 和 v7。实测数据显示大气环境防护距离外各村均未出现大气铅浓度超标现象，故卫生防护距离外 18 个行政村大气铅含量取检出极限值的 1/2（表 8-1）。

表 8-1　风险评价模型中涉及的环境介质铅污染物浓度水平

村	室内尘铅含量/（mg/kg）	室外尘铅含量/（mg/kg）	室外空气铅含量/（μg/m^3）
v1	2 442.56	2 217.17	1.00
v2	4 190.11	3 671.98	1.00
ZH	2 318.35	2 133.54	1.00
v3	2 073.88	1 924.74	1.00
v4	2 039.68	2 041.87	1.00
v5	1 137.40	1 243.01	1.00
v6	2 965.24	2 087.81	1.00
v7	3 729.08	2 357.19	1.00
v8	573.29	754.54	0.25
v9	708.43	1 013.09	0.25
v10	1 341.81	1 212.78	0.25
v11	1 582.99	1 474.76	0.25
v12	832.90	1 082.55	0.25
v13	1 350.23	1 351.64	0.25
v14	673.61	831.63	0.25
v15	1 307.60	965.34	0.25
v16	802.17	913.25	0.25
v17	820.36	705.10	0.25
v18	1 016.14	785.96	0.25
v19	509.07	1 014.26	0.25
v20	658.00	652.00	0.25
v21	1 269.69	822.52	0.25
v22	386.90	287.50	0.25
v23	789.93	1 066.39	0.25
v24	656.59	1 052.16	0.25
v25	641.89	854.05	0.25

（4）食物铅含量

调查区入户采集的大米、玉米、白菜等 13 种居民家庭自种农产品和自养禽肉蛋产品（共 85 份），以及在当地主要农贸市场上购得部分食物样品（共 19 份）的检测数据[①]显示，各村主要摄入食品中铅含量平均水平（表 8-2）。

表 8-2　各村土壤及农产品铅含量水平　　　　　　　　　单位：mg/kg

村	土壤	稻米	玉米	绿叶菜	土豆	鸡蛋	鸡肉
v1	893.33	0.727	4.45	2.924	0.464	0.446	0.069
v2	1 421.61	0.727	9.385	1.569	0.536	0.155	0.067
ZH	1 095.23	0.399	1.147	1.646	0.527	0.115	0.067
v3	585.26	0.399	2	1.646	0.498	0.141	0.051
v4	805	0.399	1.147	1.646	0.538	0.115	0.067
v5	656.58	0.399	0.905	1.646	0.538	0.124	0.055
v6	558.8	0.399	1.147	1.646	0.538	0.115	0.067
v7	1 082.07	0.399	1.147	1.646	0.538	0.115	0.067
v8	129.16	0.399	0.911	1.599	0.538	0.067	0.077
v9	150.61	0.399	1.147	0.979	0.538	0.115	0.067
v10	136.98	0.399	1.147	0.89	0.538	0.115	0.067
v11	297.54	0.399	1.147	1.934	0.538	0.115	0.067
v12	136.98	0.399	1.147	0.89	0.538	0.115	0.067
v13	183.29	0.399	1.25	1.22	0.538	0.094	0.082
v14	174.39	0.399	1.147	1.134	0.538	0.115	0.067
v15	131.06	0.399	1.147	0.852	0.538	0.115	0.067
v16	184.33	0.399	1.147	1.198	0.538	0.115	0.067
v17	74.83	0.399	1.147	0.486	0.538	0.115	0.067
v18	82.23	0.399	1.147	0.534	0.538	0.115	0.067
v19	93.51	0.399	1.147	0.608	0.538	0.086	0.064
v20	83.74	0.399	1.147	0.544	0.538	0.115	0.067
v21	232.71	0.399	1.147	1.513	0.538	0.115	0.067
v22	71.87	0.399	1.147	0.467	0.538	0.115	0.067
v23	185.81	0.399	1.147	1.208	0.538	0.115	0.067
v24	294.7	0.399	1.147	1.646	0.538	0.115	0.067
v25	328.51	0.399	1.147	1.646	0.538	0.115	0.067

注：未采样地区稻米铅含量采用自产与市场大米样品实测中位数（0.399 mg/kg）、玉米和鸡肉采用实测均值（1.147 mg/kg、0.067 mg/kg），鸡蛋和土豆采用实测值的中位数（0.115 mg/kg、0.538 mg/kg），绿叶菜采用市场白菜铅含量均值 1.646 mg/kg 以及根据富集系数（0.006 5）计算。

此外，市售肉制品铅含量和未进行生物样品采集的食物的铅含量如表 8-3 所示，未现场采集的生物样铅含量，参考全国膳食调查的数据结果。

---

① 将实测数据作为其所在村该特定食品的平均铅含量，以市场购买特定食品平均铅含量或实测数据总体平均值作为无该食品实测数据的行政村平均铅含量。当缺乏食品实测数据时，根据土壤铅含量和农作物富集系数按公式 2-28 估算食物中的铅含量。

表 8-3　其他食品及当地市售肉类铅含量　　　　　　　　单位：mg/kg

其他食品	铅含量	市售肉类	铅含量
果菜类	0.144	猪肉	0.103
根菜类	0.065	牛肉	0.135
奶制品	0.045	羊肉	0.38
腊肉	0.056		

注：果菜类采用全国膳食调查中果菜类南方二区平均值 0.144 mg/kg，猪、牛、羊肉铅含量为当地市售样品检测平均值；果菜类蔬菜铅含量取南方二区平均值；根菜类蔬菜、奶制品和腊肉铅含量取全国平均值。

（5）饮用水铅含量

对应于尘的调查区，入户采集了村集中供应家庭饮用水以及居民自家饮用井水共 70 份，仅 v1 出现了饮用水铅含量超标情况，其他水样中均未检出铅含量。因此，以本次实测 v1 饮用水平均铅含量 0.209 mg/L 作为该村饮用水铅含量平均值，其他村饮用水铅含量平均值取《生活饮用水标准检验方法（GB/T 5750—2006）》中各种方法检出限最高值的 1/2，0.002 5 mg/L。

2. 膳食结构及膳食铅摄取量

（1）0～7 岁儿童膳食摄入量

通过问卷调查的形式，以户为单位，抽取了家中有 2～7 岁儿童的 55 户，进行儿童膳食暴露、生活方式及相关行为模式调查，调查问卷见附录 D。由于案例区范围较小，各村生活习惯和饮食结构基本相似，因此仅按不同年龄层将儿童膳食摄取量取平均值。调查结果显示，仅有个别儿童摄取玉米、小麦面等主食，并且儿童对各种新鲜肉制品的整体摄入水平很低，故忽略上述食品种类对儿童铅暴露的影响。不同年龄段儿童主要膳食摄取水平（表 8-4）。

表 8-4　不同年龄段儿童膳食摄入量　　　　　　　　　单位：g/d

年龄段	饮水量	稻米	土豆	绿叶菜	果菜类	根菜类	鸡蛋	奶制品	腊肉
2～3 岁	356.67	59.78	20.00	35.83	23.22	38.34	15.08	46.83	6.33
3～4 岁	403.57	69.71	29.29	38.75	43.89	20.90	5.97	106.12	10.19
4～5 岁	408.46	98.33	33.33	53.34	34.17	24.17	10.71	66.67	9.52
5～6 岁	433.33	101.28	47.69	62.31	37.69	28.85	11.65	77.47	12.63
6～7 岁	450	125.13	36.92	62.69	44.23	30.00	11.54	64.29	10.96

（2）0～7 岁儿童膳食铅摄取量

根据表 8-4 中案例区不同年龄段儿童主要膳食摄入量以及表 8-2～8-3 中的食物铅含量，计算得出各村不同年龄段儿童通过膳食摄入的铅暴露量。由于调查中未涉及 0～2 岁儿童的膳食结构，根据年龄增长造成的铅摄入量变化斜率平均值，估计 0～1 岁与 1～2 岁儿童通过膳食途径的铅摄取量（表 8-5）。

表 8-5　各评价单元儿童膳食途径铅摄入量　　　　　　　　　单位：g/d

村	0～1 岁	1～2 岁	2～3 岁	3～4 岁	4～5 岁	5～6 岁	6～7 岁
v1	0.129	0.149	0.173	0.193	0.258	0.295	0.308
v2	0.089	0.104	0.121	0.141	0.185	0.210	0.223
ZH	0.075	0.087	0.101	0.118	0.151	0.176	0.180
v3	0.076	0.089	0.103	0.120	0.155	0.180	0.185
v4	0.077	0.090	0.104	0.121	0.156	0.181	0.186
v5	0.077	0.090	0.104	0.121	0.156	0.182	0.186
v6	0.077	0.090	0.104	0.121	0.156	0.181	0.186
v7	0.077	0.090	0.104	0.121	0.156	0.181	0.186
v8	0.075	0.087	0.101	0.119	0.153	0.178	0.183
v9	0.059	0.069	0.080	0.095	0.121	0.140	0.144
v10	0.057	0.066	0.077	0.092	0.116	0.134	0.139
v11	0.085	0.098	0.114	0.132	0.172	0.199	0.204
v12	0.057	0.066	0.077	0.092	0.116	0.134	0.139
v13	0.065	0.076	0.088	0.104	0.133	0.155	0.159
v14	0.063	0.073	0.085	0.101	0.129	0.150	0.154
v15	0.055	0.064	0.075	0.090	0.114	0.132	0.136
v16	0.065	0.076	0.088	0.104	0.132	0.154	0.158
v17	0.046	0.053	0.062	0.076	0.094	0.109	0.113
v18	0.047	0.055	0.064	0.078	0.097	0.112	0.116
v19	0.049	0.057	0.066	0.081	0.101	0.116	0.121
v20	0.047	0.055	0.064	0.078	0.097	0.113	0.117
v21	0.073	0.085	0.099	0.116	0.149	0.173	0.178
v22	0.045	0.052	0.061	0.075	0.093	0.108	0.112
v23	0.065	0.076	0.088	0.104	0.133	0.154	0.159
v24	0.077	0.090	0.104	0.121	0.156	0.181	0.186
v25	0.077	0.090	0.104	0.121	0.156	0.181	0.186

3. 其他暴露参数的设置

在较小区域尺度上，相近区域的暴露人群身体情况、生活方式等基本相似，其暴露参数基本一致。为此，在儿童铅污染暴露评价时，其他暴露参数（除了膳食摄入水平外）（表 8-6）。

表 8-6　各年龄组儿童暴露参数

暴露参数		0~1岁	1~2岁	2~3岁	3~4岁	4~5岁	5~6岁	6~7岁	数据来源
基本参数	BW/kg				10.56[b]				a—美国暴露参数手册; b—中国暴露参数手册; c—现场调查数据; d—IEUBK 模型默认值;
	AT/d				7*365				
呼吸暴露参数	IR_{inh}/（m³/d）	4.5[a]	5.04[b]	5.04[b]	6.11[b]	6.11[b]	6.11[b]	8.61[b]	
	EF_{inh}/（d/a）	365	365	365	365	365	365	365	
饮水暴露参数					见表 8-4[c]				
膳食暴露参数					见表 8-5[c]				
室外尘暴露参数	IR_{ing}/（mg/d）	30[b]	50[b]	50[b]	50[b]	50[b]	50[b]	50[b]	
	EF_{ing}/（d/a）	365	365	365	365	365	365	365	
摄入室内尘参数	IR_{ing}/（mg/d）	30[b]	60[b]	60[b]	60[b]	60[b]	60[b]	60[b]	
	EF_{ing}/（d/a）	365	365	365	365	365	365	365	
皮肤暴露参数	SA/m²	0.359[b]	0.516[b]	0.578[b]	0.651[b]	0.707[b]	0.764[b]	0.822[b]	
皮肤—尘暴露参数	$SL_{外}$/（mg/cm²）				0.0761[a]				
	$SL_{内}$/（mg/cm²）				0.0051[a]				
	ABS				0.001[a]				
	$EF_{内}$/（h/d）	23[a]	22[a]	18[c]	18.929[c]	19.714[c]	19.714[c]	20.429[c]	
	$EF_{外}$/（h/d）	1[a]	2[a]	6[c]	5.071[c]	4.286[c]	4.286[c]	3.571[c]	
皮肤—水暴露参数	$PC_{水-铅}$/（cm/h）				4×10⁻⁶				
	CF/（L/cm³）				1×10⁻³				
	$EF_{水}$/（min/d）	19.095[b]	19.095[b]	19.095[b]	19.095[b]	19.095[b]	26.855[b]	26.855[b]	

4．各评价单元暴露评价

根据第三章公式 3-7~3-12 所示的暴露评价模型，结合环境介质铅含量及表 8-6 中的暴露参数，计算出各评价单元不同年龄组儿童当年经呼吸、摄入和皮肤接触途径从水、土/尘、气中获取的铅暴露总量（AED），并计算出 0~7 岁阶段儿童累积暴露量（T_{AED}），结合儿童平均体重 BW 和童年阶段平均暴露时间 AT（表 8-7），计算得出各评价单元儿童在 0~7 岁阶段中的日平均暴露剂量（ADD），如表 8-7 所示。其中，消化道是 ZH 镇儿童铅暴露主途径，其贡献率占 98.59%，食物是铅暴露的主要来源，贡献率为 67%，其次为尘土的手—口途径摄入，而大气铅吸入的贡献则很小（图 8-3）。

表 8-7　各年龄组儿童当年铅暴露量

村	AED/（mg/a）							T_{AED}/mg	ADD/（mg/kg·d）
	0～1 岁	1～2 岁	2～3 岁	3～4 岁	4～5 岁	5～6 岁	6～7 岁		
v1	132.17	185.08	195.46	208.68	232.77	248.18	259.67	1 462.00	$5.42×10^{-2}$
v2	128.76	208.16	214.49	224.17	240.23	249.39	259.62	1 524.82	$5.65×10^{-2}$
ZH	86.29	132.85	138.04	146.63	158.68	167.83	174.78	1 005.11	$3.73×10^{-2}$
v3	73.48	115.22	120.40	127.04	139.81	148.97	151.72	876.62	$3.25×10^{-2}$
v4	74.75	116.97	122.16	128.79	141.57	150.72	153.47	888.44	$3.29×10^{-2}$
v5	56.11	82.62	87.78	94.42	107.19	116.71	119.09	663.92	$2.46×10^{-2}$
v6	85.40	138.09	143.27	149.91	162.69	171.85	174.59	1 025.80	$3.80×10^{-2}$
v7	96.72	159.74	164.94	171.57	184.35	193.51	196.26	1 167.09	$4.33×10^{-2}$
v8	42.62	58.86	64.01	70.72	83.13	92.28	94.35	505.98	$1.88×10^{-2}$
v9	41.09	59.97	64.04	69.65	79.14	86.10	87.80	487.80	$1.81×10^{-2}$
v10	49.49	76.40	80.47	86.08	94.85	101.44	103.51	592.24	$2.20×10^{-2}$
v11	65.22	98.15	104.05	110.76	125.36	135.24	137.31	776.10	$2.88×10^{-2}$
v12	42.49	62.87	66.94	72.55	81.31	87.91	89.98	504.05	$1.87×10^{-2}$
v13	54.02	82.77	87.21	93.19	103.77	111.83	113.53	646.33	$2.40×10^{-2}$
v14	40.19	57.36	61.78	67.76	77.98	85.67	87.37	478.10	$1.77×10^{-2}$
v15	45.68	70.40	74.46	80.08	88.84	95.44	97.14	552.04	$2.05×10^{-2}$
v16	43.22	62.76	67.18	73.16	83.39	91.44	93.14	514.29	$1.91×10^{-2}$
v17	34.20	50.96	54.28	59.53	66.11	71.61	73.31	410.01	$1.52×10^{-2}$
v18	37.60	57.46	60.78	66.03	72.97	78.47	80.17	453.49	$1.68×10^{-2}$
v19	35.27	51.25	54.58	60.19	67.50	73.00	75.06	416.85	$1.54×10^{-2}$
v20	32.21	47.16	50.49	55.74	62.67	68.54	70.24	387.05	$1.43×10^{-2}$
v21	50.27	74.63	79.78	86.13	98.18	106.96	109.03	604.97	$2.24×10^{-2}$
v22	24.51	33.47	36.79	42.04	48.61	54.11	55.81	295.34	$1.09×10^{-2}$
v23	44.76	65.29	69.72	75.70	86.28	93.97	96.04	531.75	$1.97×10^{-2}$
v24	47.52	67.22	72.37	78.72	91.50	100.65	102.71	560.69	$2.08×10^{-2}$
v25	45.19	63.28	68.43	74.77	87.55	96.70	98.77	534.69	$1.98×10^{-2}$

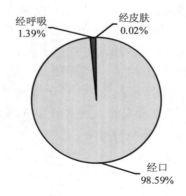

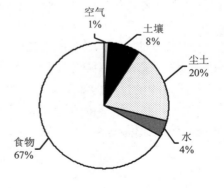

图 8-3　ZH 镇儿童铅暴露的主要途径和来源

5. 各评价单元人群铅暴露健康风险评价

根据非致癌风险评价模型（公式 3-1）计算各评价单元的健康风险度，RfD 选用我国国家环境保护总局的标准《工业企业土壤环境质量风险评价基准》（HJ/T 25—1999）推荐的参考剂量 0.001 4 mg/kg·d。风险评价结果显示，ZH 镇所有评价单元均存在健康风险，日均暴露剂量均为推荐参考剂量的几倍，甚至十几倍。假设 RfD 水平所对应的健康危害的风险为 10^{-6}（百万分之一），即 10^{-6} 的风险对应的暴露剂量为 RfD 的水平，即可计算出各评价单元的可接受风险水平。

表 8-8　各年龄组儿童铅暴露量健康风险水平

村	HQ	R	村	HQ	R
v1	38.71	$3.87×10^{-5}$	v13	17.14	$1.71×10^{-5}$
v2	40.36	$4.04×10^{-5}$	v14	12.64	$1.26×10^{-5}$
ZH	26.64	$2.66×10^{-5}$	v15	14.64	$1.46×10^{-5}$
v3	23.21	$2.32×10^{-5}$	v16	13.64	$1.36×10^{-5}$
v4	23.50	$2.35×10^{-5}$	v17	10.86	$1.09×10^{-5}$
v5	17.57	$1.76×10^{-5}$	v18	12.00	$1.20×10^{-5}$
v6	27.14	$2.71×10^{-5}$	v19	11.00	$1.10×10^{-5}$
v7	30.93	$3.09×10^{-5}$	v20	10.21	$1.02×10^{-5}$
v8	13.43	$1.34×10^{-5}$	v21	16.00	$1.60×10^{-5}$
v9	12.93	$1.29×10^{-5}$	v22	7.79	$7.79×10^{-6}$
v10	15.71	$1.57×10^{-5}$	v23	14.07	$1.41×10^{-5}$
v11	20.57	$2.06×10^{-5}$	v24	14.86	$1.49×10^{-5}$
v12	13.36	$1.34×10^{-5}$	v25	14.14	$1.41×10^{-5}$

三、ZH 镇铅污染环境健康风险分级

根据表 3-16 所示的健康风险分级标准，ZH 镇 26 个评价单元均超过可接受水平，达 II 级风险水平（可容忍风险）（图 8-4）。遵循相对比较和风险优先 5% 原则，应对 v2 进行优先防控。

四、ZH 镇铅污染健康风险分级合理性分析

根据第三章合理性验证方法发现，各村儿童血铅水平预测值与实测值具有良好的一致性（图 8-5）。这表明此风险分级方法用于区域铅污染环境健康风险分级具备合理性。

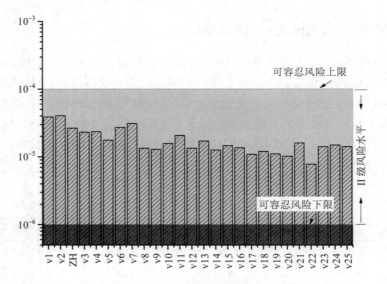

图 8-4　各评价单元铅污染健康风险等级示意

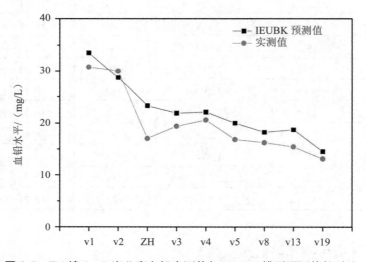

图 8-5　ZH 镇 2～7 岁儿童血铅实测值与 IEUBK 模型预测值的对比

第九章 江西省 DY 县镉污染环境健康风险分级研究

一、概述

重金属环境健康风险分级方法的实际应用以高危风险源或已发风险事件为研究对象，开展健康风险评价，以识别不同区域的风险管理优先序。此章节以镉为典型污染物，以 DY 县为案例区进行健康风险分级研究。由于案例区的基本特点已在第七章进行了阐述，故在此处不再进行赘述。

DY 县研究区域土壤和沉积物污染严重，大气、地表水和地下水环境质量总体较好，区域人群健康风险主要来源于土壤镉污染经食物链向人体迁移。镉污染慢性长期暴露会导致人群健康风险，故选用评价终生暴露的致癌健康风险作为风险分级的依据。

二、DY 县镉污染环境健康风险评价

根据国际癌症研究协会的分类标准，镉为 I 类致癌物，因此可根据第三章致癌物环境健康风险评价模型计算各评价单元的环境健康风险。考虑研究区人群暴露于环境镉的主要途径为土壤—膳食摄入，因此主要考虑人群通过主食类、叶菜类、肉蛋类、根茎类蔬菜、豆类、果实类蔬菜，其他途径的镉摄入忽略不计。

1. 环境介质浓度

当地大米、蔬菜受到不同程度的镉污染（表 9-1），米镉最大超标 1.38 倍。畜禽肉蛋镉含量符合《食品中污染物限量标准》（GB 2762—2012）；居民饮用水镉含量显著低于镉浓度限值 0.005 mg/kg。

2. 人群膳食摄入率

就膳食镉摄入而言，污染区和对照区关键的差别在于膳食镉含量的差异，而人群膳食情况却基本一致，为此人群膳食调查仅在污染区开展。按照整群随机抽样原则及性别年龄均匀分布的要求，在 T3 镇的 v31 的长期居住的人群中，以户为单位随机抽取了 547 名调查对象（男性 275 人、女性 272 人），利用如附录 E 所示的膳食调查问卷进行膳食暴露参数调查。

T3 镇的 v31 人群组年龄覆盖了从幼年到老年不同生理阶段，考虑到调查人群年龄分布的均匀性，调查时 10 岁以内儿童以 1 岁为一个年龄组，10 岁以上则以 5 岁为一个年龄组选择调查对象，每个年龄组男女性别均匀分布。

表 9-1　生物样品中镉平均含量　　　　　　　　　　　　　　单位：mg/kg

乡镇	村	大米	果实类	叶菜类	鸡蛋	禽类	根茎类	肉
T4 乡	v43	0.593	0.053	0.119	0.003	0.030		
	v42	0.344	0.029	0.028	0.011	0.070		
T3 镇	v31	0.210	0.072	0.197	—	0.004	0.217	
	v32	0.275	0.099	0.313	0.003	0.080		
T2 镇	v22	0.261	0.043	0.262	0.002	0.031		0.001
	v24	0.197	0.062	0.124	0.003	0.012		
	v21	0.110	0.023	0.134	0.001	0.014		
	v23	0.235	0.047	0.128	0.006	0.408		
	v26	0.215	0.044	0.096	0.003	0.007		
T1 镇	v16	0.402	0.029	0.129	0.004	0.037		
	v14	0.341 4	0.031	0.106	0.003	0.022		
	v13	0.450	0.044	0.922	0.005	0.013		
	v11	0.435	0.018	0.072	0.001	0.008		
T6 镇	v61	0.130	0.021	0.075	0.001	0.005	0.047	
	v63	0.080	0.015	0.065	0.002	0.004		
	v66	0.098	0.025	0.038	0.002	0.002		
	v64	0.088	0.018	0.062	0.002	—		

注：根茎类蔬菜和肉类的样品比较少，根茎类蔬菜采用镇均值，肉均为市场购置，采用县均值。

膳食按照类别分为主食类、根茎类蔬菜、果类蔬菜、叶类蔬菜、豆类及肉蛋 6 类，其中本次调查的主食包括玉米、大米及面粉制品；根茎类包括土豆、萝卜、折耳根（鱼腥草根）、莴笋、蒜薹、花菜、龙须菜、洋葱等；叶菜类蔬菜主要为青菜和白菜，而且人群基本全部食用；果类蔬菜包含有青椒、茄子、南瓜、黄瓜和西红柿等。豆类包括红芸豆、绿豆、花芸豆、黄豆、白芸豆等。从本次调查的结果可见当地人群主食主要为玉米（玉米饭）。三日的饮食记录中，其中 82.2%（449 人）食用玉米，60.8%（332 人）食用大米，62.8%（343 人）食用面粉。肉蛋豆制品等蛋白类食品仅有 14.3%（78 人）食用，说明当地居民营养摄入状况较差。根茎类蔬菜中土豆的食用情况为 83.9%（458 人）食用，萝卜 3.5%（19 人）食用，鱼腥草根 8.8%（48 人）食用，莴笋、蒜薹、花菜、龙须菜、洋葱等蔬菜仅少量人食用（2%）。豆类中红芸豆的食用情况为 92.7%的人群食用。果类蔬菜中，98%以上的人群不食用黄瓜和西红柿。由于本次膳食调查集中于 2012 年 4 月开展，黄瓜、西红柿等季节性蔬菜的摄入量相对低，可能存在一定的低估，但总体而言当地人群消费的主食类食物主要为玉米，根茎类食物主要为土豆，叶菜类食物为青菜和白菜，豆类食物主要为红芸豆。

由于不同年龄段男性和女性的膳食喜好及摄入量均存在差异，因此分年龄段统计了男性和女性的膳食摄入率，结果如表 9-2 所示。

表 9-2　案例区各年龄段人群膳食摄入　　　　　　　　　　　　单位：g/d

年龄	男性							女性						
	米及米制品	果实类蔬菜	叶菜	根茎类蔬菜	肉	蛋	禽类	米及米制品	果实类蔬菜	叶菜	根茎类蔬菜	肉	蛋	禽类
1	100.00	0.00	36.67	13.33	26.67	20.00	0.00							
2	78.89	1.11	17.22	6.11	23.33	21.11	0.00							
3	90.00	53.33	0.00	0.00	20.00	0.00	0.00							
4	161.67	0.00	59.17	37.92	29.17	7.50	0.00	135.83	0.00	36.67	29.17	17.50	10.42	0.00
5	174.19	6.49	37.30	40.14	36.49	16.89	0.00	158.03	15.91	53.79	44.85	32.12	12.88	3.03
6	204.05	10.48	55.19	48.57	82.14	24.76	0.00	161.25	16.67	60.00	46.67	37.08	5.00	0.00
7	221.25	31.00	35.75	32.50	86.38	6.25	0.00	259.17	1.67	95.75	64.17	83.42	15.00	0.00
8	275.56	14.44	24.44	47.78	42.22	19.44	0.00	201.25	26.46	91.46	57.71	28.96	9.17	0.00
9	221.43	0.00	87.86	38.57	52.14	10.00	0.00	185.00	20.00	62.50	30.00	64.33	10.00	0.00
10	220.00	4.44	71.11	131.67	23.33	41.11	0.00	170.00	0.00	130.00	50.00	20.56	20.00	0.00
11～15	296.25	12.95	72.61	66.64	68.73	12.95	5.45	308.27	12.12	98.85	57.00	43.58	20.10	0.00
16～20	415.80	9.77	107.61	59.20	101.48	24.77	0.00	305.36	0.00	118.21	44.17	43.81	5.95	1.19
21～25	270.83	24.44	73.43	59.72	43.61	13.89	0.00	269.12	10.18	112.72	82.19	89.00	12.11	2.63
26～30	541.96	50.59	253.92	95.59	148.24	14.90	3.92	393.33	27.56	152.78	60.89	60.67	11.56	1.11
31～35	362.24	17.33	128.22	93.79	60.60	7.59	0.00	384.26	20.74	129.53	97.23	54.04	16.81	6.38
36～40	471.37	15.88	141.27	88.04	75.00	19.51	4.71	441.97	19.67	184.67	86.38	91.69	20.49	0.00
41～45	448.75	19.88	167.25	74.12	84.87	16.25	10.00	294.84	17.70	85.30	96.96	46.91	10.18	0.00
46～50	413.04	28.63	147.35	115.20	96.49	11.96	7.65	435.87	49.11	121.60	145.74	76.98	9.79	0.00
51～55	330.28	29.81	108.80	93.33	73.31	6.11	9.63	291.64	14.18	103.84	82.91	62.49	11.57	0.00
56～60	633.69	21.89	194.47	146.36	105.82	15.78	0.00	481.03	29.49	191.15	106.92	73.44	8.21	0.00
61～65	446.73	34.08	117.53	100.82	73.37	13.06	3.06	360.22	14.02	120.20	109.63	69.83	3.48	0.00
66～70	298.46	8.37	112.88	70.29	53.79	4.42	0.00	258.33	21.56	68.23	81.06	35.27	2.92	1.04
71～75	383.10	33.02	125.86	107.05	72.98	5.34	0.00	310.36	18.33	134.05	100.71	60.48	8.81	0.00
≥75	358.33	11.47	115.17	67.64	76.03	9.44	0.00	321.03	14.69	104.64	140.90	80.95	11.03	0.00

3. 各评价膳食镉摄入量

根据 WHO 建议体重 60～70 kg 的成年人每月可耐受摄入量，换算为成人每日镉最大摄入量为 45～55 μg；WHO 提出成人终生镉累积摄入量为 2 000 mg。依据表 9-1 中不同膳食的镉含量以及表 9-2 中不同人群的膳食摄入率，计算出个体膳食镉摄入量。计算结果表明，污染区人群镉日均摄入量、终生累积摄入量均超过世界卫生组织（WHO）指导值，对照区调查人群镉摄入量均符合 WHO 指导值要求（表 9-3）。

表 9-3　调查人群主要食物日均镉摄入量　　　　　　　　　　　单位：μg/d

乡镇	村	蔬菜	肉蛋	果蔬及其他	自产大米	合计
污染区 T4 乡	v43	11.47	0.08	0.24	171.2	182.99
T3 镇	v31	17.98	0.33	0.6	94.68	113.59
	v32	43.77	0.16	1.4	139.35	184.68
T2 镇	v24	14.53	1.03	0.32	64.22	80.1
	v21	13.07	1.14	0.24	64.22	78.67
	v23	9.15	33.23	0.11	88.01	130.5
	v26	21.66	0.60	0.91	58.65	81.82
	v22	28.89	2.56	1.50	72.85	105.8
T1 镇	v11	14.04	0.65	0.53	119.51	134.73
	v14	10.5	1.85	0.19	158.09	170.63
对照区 T6 镇	v61	11.67	0.41	0.32	38.52	50.92
	v66	9.54	0.19	0.16	28.30	38.19

注：根据 WHO 建议体重 60～70 kg 的成年人每月可耐受摄入量，换算为成人每日镉最大摄入量为 45～55 μg。

4. 各评价单元日均暴露风险

根据公式计算出 DY 县各调查村终生平均每日暴露剂量 ADD 和致癌风险值 R，结果显示污染区所有村致癌风险从 1 岁起大于 10^{-6}，对照区女性从 10 岁起、男性从 9 岁起高于 10^{-6}，但以 75 岁计，终生致癌风险均低于 10^{-3}。研究地区各评价单元单位体重日均暴露剂量，考虑到镉污染对老年人尤其是女性损害较大，故以 70 年为终生年龄计算终生暴露致癌风险（表 9-4）。

表 9-4　DY 县各调查村终生平均每日暴露剂量及致癌风险

乡镇	村	ADD/（mg/kg/d）			R		
		男	女	平均	男	女	平均
T4 乡	v43	$1.6×10^{-4}$	$1.8×10^{-4}$	$1.7×10^{-4}$	$6.81×10^{-5}$	$6.74×10^{-5}$	$6.77×10^{-5}$
	v42	$9.5×10^{-5}$	$1.0×10^{-4}$	$9.9×10^{-5}$	$3.93×10^{-5}$	$3.90×10^{-5}$	$3.91×10^{-5}$
T3 镇	v31	$8.0×10^{-5}$	$8.9×10^{-5}$	$8.5×10^{-5}$	$3.42×10^{-5}$	$3.39×10^{-5}$	$3.41×10^{-5}$
	v32	$1.1×10^{-4}$	$1.2×10^{-4}$	$1.1×10^{-4}$	$4.53×10^{-5}$	$4.49×10^{-5}$	$4.51×10^{-5}$
T2 镇	v22	$9.3×10^{-5}$	$1.0×10^{-4}$	$9.8×10^{-5}$	$3.96×10^{-5}$	$3.92×10^{-5}$	$3.94×10^{-5}$
	v24	$6.7×10^{-5}$	$7.3×10^{-5}$	$7.0×10^{-5}$	$2.81×10^{-5}$	$2.78×10^{-5}$	$2.79×10^{-5}$
	v21	$4.5×10^{-5}$	$5.1×10^{-5}$	$4.8×10^{-5}$	$1.94×10^{-5}$	$1.93×10^{-5}$	$1.94×10^{-5}$
	v23	$7.6×10^{-5}$	$8.3×10^{-5}$	$8.0×10^{-5}$	$3.20×10^{-5}$	$3.17×10^{-5}$	$3.19×10^{-5}$
	v26	$6.9×10^{-5}$	$7.5×10^{-5}$	$7.2×10^{-5}$	$2.89×10^{-5}$	$2.86×10^{-5}$	$2.87×10^{-5}$
T1 镇	v16	$1.2×10^{-4}$	$1.3×10^{-4}$	$1.2×10^{-4}$	$4.90×10^{-5}$	$4.85×10^{-5}$	$4.88×10^{-5}$
	v14	$1.0×10^{-4}$	$1.1×10^{-4}$	$1.1×10^{-4}$	$4.20×10^{-5}$	$4.16×10^{-5}$	$4.18×10^{-5}$
	v13	$1.9×10^{-4}$	$2.2×10^{-4}$	$2.0×10^{-4}$	$8.34×10^{-5}$	$8.26×10^{-5}$	$8.30×10^{-5}$
	v11	$1.2×10^{-4}$	$1.3×10^{-4}$	$1.3×10^{-4}$	$5.01×10^{-5}$	$4.96×10^{-5}$	$4.99×10^{-5}$
T6 镇	v61	$4.1×10^{-5}$	$4.5×10^{-5}$	$4.3×10^{-5}$	$1.73×10^{-5}$	$1.71×10^{-5}$	$1.72×10^{-5}$
	v63	$2.8×10^{-5}$	$3.1×10^{-5}$	$2.9×10^{-5}$	$1.18×10^{-5}$	$1.16×10^{-5}$	$1.17×10^{-5}$
	v66	$3.0×10^{-5}$	$3.3×10^{-5}$	$3.2×10^{-5}$	$1.27×10^{-5}$	$1.25×10^{-5}$	$1.26×10^{-5}$
	v64	$3.0×10^{-5}$	$3.3×10^{-5}$	$3.1×10^{-5}$	$1.25×10^{-5}$	$1.24×10^{-5}$	$1.24×10^{-5}$

三、DY 县镉污染健康风险分级

根据表 3-16 所示的健康风险分级标准，DY 县 17 个评价单元镉污染致癌风险均超过可接受水平，但尚未达到不可容忍风险水平。污染区 T4 乡、T3 镇、T1 镇的健康风险值和对照区的存在显著差异，说明该地区普遍存在镉污染，但未达到极端严重的程度，部分地区如 v13、v43 的风险值接近 10×10^{-4}，这两个地区的风险较高，需要着重关注。遵循相对比较原则，对各评价单元镉污染致癌风险排序如图 9-1 所示。根据风险 5% 优先管理原则，对 v13 进行优先管理。

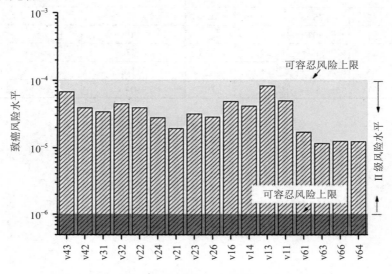

图 9-1　各评价单元镉污染致癌风险等级示意

四、DY 县镉污染健康风险分级合理性分析

环境镉污染对暴露人群的健康危害通常表现为广泛性、长期性和低剂量等特征，其对人体大多数器官和组织都能产生损害效应，因此环境镉污染的健康影响并无显著的特异标志，而是表现为对暴露人群慢性病、生殖和发育、死亡情况以及关键效应肾损伤和骨损伤的影响等。《环境镉污染健康危害区判定标准》（GB/T 17221—2008）规定了尿镉、尿 β2-MG 和尿 NAG 酶三项指标的联合判定标准。因此，根据各评价单元上述三项指标的联合反应率的相对排序与致癌风险的相对排序的一致性进行风险分级的合理性分析。

实测尿检数据基本与致癌风险值对应，但 T2 镇的 v21 的致癌风险较低，而实测尿镉较高，T2 镇的 v22、T1 镇的 v11 村、v14 村则相反；但是尿镉和尿 β 微球蛋白两联反应率与致癌风险值的大小排序完全一致，而三联反应率也不完全符合（表 9-5）。这结果验证了尚琪等的研究结果：仅选用尿镉作为内暴露指标不完全合理，而使用两联反应率比较合理，同时说明此风险分级方法较为合理。

表 9-5　江西省 DY 县不同乡镇人群指标阳性率　　　　　单位：%

乡镇	村	U-Cd+	nag+	BM+	三联反应率	Ucd+BM 两联反应率
T1 镇	v11	29	24	21	6	9
	v14	29	25	24	6	8
	v21	37	11	34	2	19
	v23	35	26	19	7	11
T2 镇	v22	26	21	20	2	4
	v24	7	7	20	0	1
	v26	11	11	24	1	3
T3 镇	v32	75	1	48	1	41
	v31	50	35	42	20	29
T4 乡	v43	86	3	56	3	51
T6 镇	v66	2	8	22	1	1
	v61	5	11	19	0	1

第十章 重金属环境健康风险分区分级技术的推广应用

一、重金属环境健康风险分区和风险分级的区别与联系

重金属环境健康风险分区和分级均是为风险管理服务，但风险分区更侧重于综合环境健康风险，目的是为了应对普遍存在且具有区域聚集性的重金属污染，通过分析区域重金属污染风险系统内"源—暴露—效应"各环节的风险特征，划分差别化的风险管理类型区，并制定相应的宏观风险管理政策。然而，当前我国点上的重金属环境健康损害事件频发，自上而下的面上的风险管理对策难以准确定位到点上的高发风险，因此需要借助以污染源为起点、考虑人群实际暴露途径的健康风险评价结果确定风险管理优先度，进而使宏观的风险管理政策具体化。

二、指导环境污染环境健康风险评价与管理

1. 指导《规划环境影响评价条例》开展规划实施对人群长远健康影响的评价

区域环境健康风险系统是一个动态变化系统，建设项目启动、区域规划实施等均可能会对区域产业布局、能源结构以及环境质量、土地利用、人居环境等多个要素产生影响。这些变迁究竟会给区域环境以及人群健康带来怎样的影响呢？自 2009 年 10 月 1 日起施行的《规划环境影响评价条例》，明确把"规划实施可能对环境和人群健康产生的长远影响"作为评价内容。重金属环境健康风险分区分级技术的基础是科学的风险分析与评价，在自上而下的环境健康风险分区工作中兼顾了重金属污染导致健康影响的滞后性与累积性，这与规划环评中评价规划实施长远健康影响的内容不谋而合，与此同时，以污染源为起点的健康风险分级技术体系可通过预测规划实施导致区域产业布局、污染源变迁等影响居民健康风险水平。

2. 重金属环境健康风险分区分级管理有机结合，推进重金属污染综合防治

"重金属污染综合防治"不仅是"十一五"环境管理工作的重点任务，也是"十二五"环境风险管理的重点领域。目前，铅污染的问题尚未缓解，《土壤普查公报》显示镉污染已成为我国土壤污染的首要污染物之一。《重金属污染防治"十二五"规划》自下而上地在全国范围内划定了 140 个重金属污染重点防控区块，确定了 14 个省为重点防控省。本项目重金属环境健康风险分区结果显示，因受区域社会经济发展等因素的影响，区域内点上的重金属污染源分布集中，并不一定意味着环境健康风险高，例如内蒙古、陕西等。因

此，考虑区域社会经济发展对潜在风险削减作用后的重金属环境健康风险分区技术可推进《重金属污染防治"十二五"规划》区域重点防控工作的具体化，同时更有效地指导环境管理行政资源的配置，使重金属污染防治更加有的放矢。

3．以区域重金属风险要素特征着手，指导产业合理布局和城市发展规划

重金属污染具有累积性，污染一旦形成便难以在短期内消除，且相关健康损害不可逆（如铅污染导致的儿童智力损伤，镉和汞的致癌性）。因此，从"三级预防"的理念出发，对已产生的健康损害进行康复治疗是下下之策，反之应从源头进行风险的前端控制。在不同的风险管理类型区内，风险要素特征迥异，应采取差别化的风险管理目标和措施。例如，在"源人联控区"，污染源释放的危险性经区域公共服务削减后，潜在健康风险依然相对较高，且人群易损性也高，这一区域就需要通过实行产业转改或在技术可行的条件下提高排放标准等减少源的危险性，同时通过调整产业布局（如建立工业园区）或居民分布（居民区）降低风险传递的可达性，而在潜在风险相对较低，人群易损性高的"人群易损区"，需明确高人群易损的原因在于区域内受铅污染影响人群比例大还是人口密度大导致，进而采取不同的风险管理对策。因此，借助重金属环境健康风险分区技术，可明确各区域环境健康风险要素特征，为风险管理找到切入点。

4．指导完善现行环境统计工作的不足，为建立健全环境统计制度奠定基础

重金属环境健康风险分区分级技术应用需要大量的基础数据作为支撑，例如宏观分区指标体系中，环境介质中重金属浓度是关键指标，但由于重金属并非为我国环境质量监测的常规监测指标，相关数据不可及。虽然，在一定区域尺度上可利用模型模拟，但相关参数获得存在难度且准确性可能存在一定的折扣。此外，在风险分级过程中，土壤重金属污染—膳食已成为我国居民暴露于环境重金属的重要途径之一，但真正作用于人体并可能引发健康效应的是通过食物富集，并经人体摄入的部分，因此自产食物的消费比例至关重要，但这一数据获得较难。由此可见，现行的环境统计工作应与卫生、农业等其他部门搭建数据共享平台，建立信息共享机制，与此同时，提高内部数据的信息共享效率，以克服"数据难求""各自为用"的难题。

附录 A 我国大气重金属排放清单及
铅污染空间分布特征

污染源排放清单能定量分析各种污染源所排放污染物的排放总量即时空分布，是描述污染物排放特征的有效方法，模拟区域大气重金属浓度分布的基础工作。此章节为了系统分析我国人为排放源重金属铅的排放现状及其时空分布，建立了全国各省不同人为源大气重金属元素，尤其是铅的排放清单，研究年份为 1980—2009 年，重点分析了 2009 年的排放数据。首先按照不同经济部门、燃料类型、燃烧方式和污染物去除技术对可能的人为源进行分类，基于不同排放源的活动水平，结合各部门污染排放因子，计算铅重金属排放量，进而给出全国分行业铅污染排放清单。大气重金属的排放系数法计算以污染物铅为例进行实例说明。文献研究显示，大气铅主要来源于化石燃料燃烧、钢铁和有色金属冶炼、水泥生产、垃圾焚烧以及含铅汽油燃烧等人为活动（Pacyna et al., 2009），在未使用无铅汽油之前，含铅汽油的使用被认为是最大的铅排放源（Niisoe et al., 2010；Pacyna et al., 2009；vanderGon et al., 2009），随着含铅汽油的淘汰和对工业设备的排放控制，发达国家人为铅排放大幅减少（Ewing et al., 2010；Ilyin et al., 2004；Storch et al., 2003）。国内的研究显示（Tan et al., 2006），自 1997 年禁止使用含铅汽油后，燃煤排放成为大气铅污染的最大来源，但也有学者（Pacyna et al., 2007）认为，用于交通运输方面的汽油燃烧仍然是人为铅排放的主要来源。据此，遵循主导性原则，本章利用物料衡算方法，根据相关的排放因子，建立了我国大气铅的排放清单。

一、大气铅排放水平计算的相关参数设置

1. 燃煤源大气铅排放的计算及参数设置

根据第三章公式 3-29 及原煤的铅含量、焚烧和控制设备对铅的去除效率等重要参数，可计算出我国工业部门、燃烧电厂、生活用煤和其他行业用煤（包括农、林、牧、渔、建筑、交通等）等燃煤源大气铅排放量情况。计算公式为：

$$E_{j,k} = C_{j,k}F_{j,k}EF_{j,k}(1-P_{DC(j,k)})(1-P_{PDC(j,k)}) \tag{附 A-1}$$

式中，$E_{j,k}$ 为大气铅排放量，t；$C_{j,k}$ 为消费原煤中重金属铅的含量，mg/kg；$F_{j,k}$ 为原煤消费量，t；$EF_{j,k}$ 为煤燃烧过程释放的铅含量，g/kg；$1-P_{DC(j,k)}$ 为除尘设备对重金属铅的去除效率，%；$1-P_{PDC(j,k)}$ 为脱硫设备对重金属铅的去除效率，%；j 为市/自治州；k 为排放源，由经济部门、燃烧设备、除尘和脱硫装置划分。

（1）我国各地区生产和消费原煤中的铅含量

在计算燃煤铅排放量时，考虑到煤炭在各省之间的传输情况，一个地区消费的煤炭并不一定是当地生产的，因此在计算消费煤炭中的重金属含量 $C_{j,k}$ 时，应该将各省之间的传输情况考虑进来。本书根据《中国煤炭工业年鉴》中煤炭在各省的传输情况，构建了煤炭传输矩阵，通过各地生产原煤中的铅含量来计算各地消费原煤中的铅含量。各地生产原煤的铅含量来自同一个地区原煤铅含量文献研究的平均值。不产煤的地区生产原煤铅含量 0，如广东、海南、上海、天津和西藏。在没有文献可以调研的地区，则使用地理位置上相邻地区的平均值代替。根据本书计算，各地区生产、消费煤炭铅表 A-1 所示。

表 A-1　我国各省市煤炭中的铅含量　　　　　　　　　单位：mg/kg

地区	$Cp_{j,k}$	$C_{j,k}$	地区	$Cp_{j,k}$	$C_{j,k}$
安徽	14.11	15.25	江西	16.17	17.76
北京	30.45 b	20.16	吉林	28.71	25.58
重庆	50.37	17.87	辽宁	19.33	18.95
福建	16.8	17.26 c	宁夏	16.58	16.57
甘肃	63.9	54.28	青海	11.52	18.69 c
广东	0	2.85	陕西	37.04	36.54
广西	11.42	11.84 c	山东	85.31	70.13
贵州	20.82	20.82	上海	0	20.14
海南	0	8.91	山西	12.94	12.94
河北	30.45	26.35	四川	17.84	17.87
黑龙江	22.75	20.58	天津	0	13.4
河南	15.03	14.98	西藏	0	12.95
湖北	22.71	20.57 c	新疆	14.89	14.9
湖南	3.54	5.05	云南	9.89	10.3
内蒙古	5.22	5.85	浙江	17.42	18.3 c
江苏	21.98	22.03			
算数平均值	19.91	19.67			

注：a $Cp_{j,k}$ 是生产原煤铅含量，$C_{j,k}$ 是消费原煤铅含量；
　　b 由于缺少数据，北京生产原煤铅含量用河北的代替；
　　c 福建的采用浙江和江西的平均值；广西采用云南、贵州和湖南的平均值；湖北采用河南、陕西、重庆、湖南、安徽和江西的平均值；青海采用新疆、甘肃和四川的平均值；浙江采用江苏、安徽和江西的平均值

（2）燃煤设备和控制设备的效率

本书中燃烧炉的效率、除尘控制设备的效率和脱硫装置的效率均采用文献中的平均值（表 A-2）。计算燃煤电厂大气铅排放时考虑燃烧炉、除尘设备和脱硫装置的效率；工业部门中不考虑脱硫过程；生活用煤主要来自传统和改进后的取暖炉，因此不考虑除尘和脱硫过程。生活和其他部门的燃煤铅排放因子我国研究较少，因此采用欧盟提出的 21 mg/GJ。

表 A-2　燃烧设备和控制设备效率，$EF_{j,k}$

设备	释放率/%	参考文献
层燃炉	41.24	（Qichao et al.，1996）
煤粉炉	57.5	（Demir et al.，2001）
流化床	88.31	（Demir et al.，2001）
电除尘器（ESP）	96.8	（Helble，2000）
	99.1	（Meij et al.，2007）
	79.7	（Ito et al.，2001）
布袋除尘器（FF）	99	（Nodelman et al.，2000）
湿式除尘器	70.10	（USEPA，2001）
旋风除尘器	65	（CPSC，2008）
湿式烟气脱硫	80	（Meij et al.，2007）
本书中：		
燃烧炉释放率	62.35	
除尘率	82.58	
脱硫率	80	

2．机动车汽油燃烧源大气铅排放的计算及参数设置

根据第三章公式 3-32 可计算出我国机动车汽油燃烧源的大气排放水平，其中汽油中的铅含量是重要参数之一。计算公式为：

$$E_g = 0.76 \times K_{Pb} \times Q_g \qquad （附 A-2）$$

式中，E_g 为车辆所消耗的汽油中的铅的排放量，t；K_{Pb} 是汽油中铅的含量，g/L；Q_g 为汽油的消耗量；0.76 则是汽油中所含的铅有 76% 被排放到空气中（Biggins et al.，1979）。我国在不同时期对汽油中的铅含量有不同的标准，2000 年 6 月 1 日开始采用的无铅汽油，规定汽油铅含量不准超过 0.005 g/L（GB 17930—1999）。本书在计算 1980—1990 年时采用 0.64 g/L（GB 484—64），1991—2000 年采用 0.35 g/L（GB 484—89），2001—2009 年采用 0.005 g/L。

3．有色金属冶炼大气铅排放的计算及参数设置

根据第三章公式 3-30 计算云南省各地区有色金属冶炼业大气铅排放水平。有色金属冶炼的焙烧、熔炼等过程都是高温状态，矿石中重金属在这些过程中被大量释放出来，不同的行业活动水平及冶炼技术方法对重金属的释放产生重要的影响。计算公式为：

$$E_s = Q_s \times C_m \times (1 - f_n) \qquad （附 A-3）$$

式中，E_s 为冶炼过程中铅排放量，t；Q_s 为冶炼产品产量，t；C_m 为在特定技术 m 下的铅排放系数，g/Mg（表 A-4）；f_n 为不同设备去除技术（n）下的铅去除率（表 A-3），%。

表 A-3   有色金属冶炼除尘设备效率

治理技术（设备）名称	效率/%	治理技术（设备）名称	效率/%
旋风+静电除尘法	98.5	烟气制酸（无尾气吸收）	96.0
湿式除尘法（喷淋塔）	90.0	烟气制酸（有尾气吸收）	98.5
湿式除尘法（文丘里）	98.0	烟气制酸（二转二吸）	98.5
湿式除尘法（泡沫塔）	97.0	湿法脱硫	90.0
湿式除尘法（动力波）	99.5	旋风收尘	65.0
过滤除尘法（布袋除尘器）	99.0	直排	0

表 A-4   不同冶炼技术的产污系数

部门	冶炼技术	产污系数（Pb）
铜冶炼	火法精炼（闪速熔炼）	80.9
	火法精炼（熔池熔炼）	194.7
	火法精炼（鼓风炉熔炼）	601.5
	鼓风炉熔炼（吹炼）	582.1
	鼓风炉熔炼（阳极铜）	596.8
	鼓风炉熔炼（反射炉）	418.6
	湿法冶炼	2217
	转炉吹炼	163.5
	平均	606.9
铅冶炼	烧结机—鼓风炉工艺（>5 万 t/a）	162.6
	烧结机—鼓风炉工艺（<5 万 t/a）	183.5
	烧结机—鼓风炉工艺—电解工艺（>5 万 t/a）	203.6
	烧结机—鼓风炉工艺—电解工艺（<5 万 t/a）	224.5
	水口山法（SKS）	186.2
	水口山法（SKS）— 电解工艺	227.2
	密闭鼓风炉工艺炼铅（ISP）—电解工艺	79.5
	烧结锅—鼓风炉炼铅	142.6
	平均	176.21
锌冶炼	密闭鼓风炉工艺炼锌（ISP）—电解工艺	159
	竖罐炼锌	141.8
	湿法炼锌—电解工艺（>10 万 t/a）	90.42
	湿法炼锌—电解工艺（<10 万 t/a）	120.4
	电炉炼锌工艺	103.4
	平均	123

4. 其他源大气铅排放的计算及相关参数

大气重金属其他人为源主要包括：钢铁生产、水泥生产、燃油等，其排放量参照第三章公式 3-31，通过各行业的产量与相应行业的铅排放因子的乘积计算。计算公式为：

$$E_j = M_{i,j} \times F_{i,j}$$

（附 A-4）

式中，E_j 为其他源大气铅排放量，t；$M_{i,j}$ 为燃料消费量或产品产量，t；$F_{i,j}$ 为大气铅排放因子，g/Mg（表 A-5）；i 为不同的省，无量纲；j 为排放源类型，无量纲。

表 A-5　其他污染源排放因子

污染源	排放因子	参考文献
钢铁生产	—	—
粗钢	0.7 g/Mg	（EEA，2009）
生铁	0.000 6 g/Mg	（EEA，2009）
燃油	—	—
煤油	4.1 mg/GJ	（EEA，2009）
柴油	4.1 mg/GJ	（EEA，2009）
水泥生产	$36×10^{-5}$ kg/Mg（EST）	（EPA，1995）
	$3.8×10^{-5}$ kg/Mg（FF）	
垃圾焚烧	0.8 g/Mg	（EEA，2009）

二、我国大气铅排放水平

1. 我国大气铅排放水平及排放源结构演变

1980—2009 年，我国约向大气中排放了 20 万 t 铅，其中机动车汽油燃烧占排放总量的 60%，成为最主要的贡献源。自 2000 年 7 月 1 日禁止生产含铅汽油后，我国开始使用无铅汽油，由于机动车汽油燃烧排放的铅大幅减少（减少约 80%），燃煤源开始成为我国的主要大气铅排放污染源。与此同时，有色金属冶炼业的铅排放量也超过了 1/3。这一时期，我国大气铅排放量经历了 2 次波动，第一次发生在 1991 年，排放量比 1990 年减少了 3 900 t，究其原因在于汽油含铅量由 0.64 g/L 下降到 0.35 g/L；第二次发生在 2001 年，排放量比 2000 年骤减了 12 000 t，减少了 81%，这主要是因为无铅汽油取代了含铅汽油的使用，汽油含铅量下降到 0.005 g/L。我国大气铅排放总量的增减主要是受到机动车汽油燃烧排放量的影响。随着能源需求增长和工业发展，2000 年后大气铅排放又呈逐年递增趋势。不同时期我国大气铅排放水平及行业构成如图 A-1 所示。

近 30 年来（1980—2009 年），机动车汽油燃烧我国大气铅排放源最主要的污染源，占到全部排放量的 69%，其次是燃煤和有色冶金。在我国使用含铅汽油时代（1980—1990 年），机动车汽油燃烧排放的铅占主导地位（87%）；在我国使用低铅汽油时代（1990—2000 年），机动车汽油燃烧排放比例稍有减少（82%），但依然占据排放量的最大比例，其次依次为燃煤大气排放和有色金属冶炼，燃煤大气铅排放量是有色冶金排放量的两倍，这三大排放源占到我国大气铅排放总量的 99%；2000—2009 年，由于城市化进程和现代化交通的迅速发展，大气铅排放又呈现出递增的趋势。由于机动车汽油燃烧排放的铅大幅减少（仅占 5%），燃煤源开始成为我国大气铅排放的主导源，半数以上的大气铅污染都来自于燃煤排放。与此同时，有色金属冶炼业的铅排放量所占的比重也超过了 1/3。另外值得一提的是，水泥和钢铁生产等其他行业排放量所占比例呈现大幅提升，占到总排放量的 1/10。1980—2009 年，我国大气铅排放源的结构变化如图 A-2 所示。

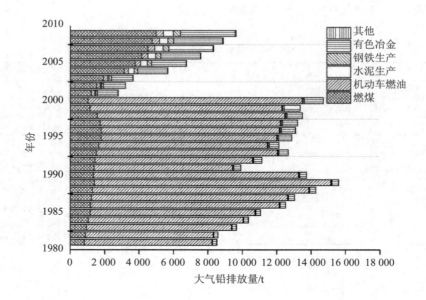

图 A-1　1981—2009 年我国大气铅排放趋势

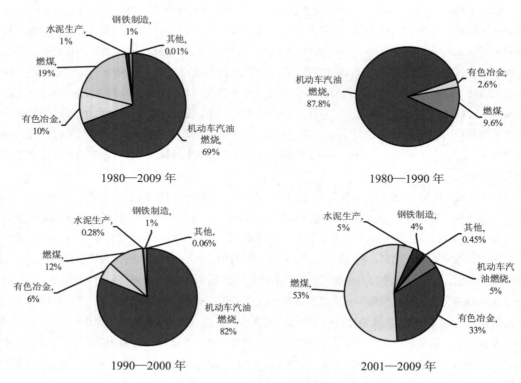

图 A-2　中国 30 年（1980—2009 年）大气铅排放源的结构演变

2．我国大气铅排放地区差异

从地区分布看，2005—2009 年，我国大气铅排放量最高的省市主要集中在环渤海地区，山东、河北、山西、河南和江苏是排放量前五位的省份。总体来说，东部地区的排放量高于西部地区，甘肃、云南和四川是西部地区排放量较大的省份。同时，中部地区的安徽、江西、湖北和湖南的排放量也不能忽视。我国 31 个省（市、自治区）大气铅排放量（图 A-3）。各地区大气铅排放量的污染源结构分析显示，全国有 16 个省份燃煤源排放的铅占了全省排放总量的一半以上，主要集中在北方地区，究其原因可能与北方地区冬季用煤取暖及大量工业生产用煤密切相关。此外，江西、安徽和云南作为有色金属冶炼铅排放量最大的省份，这使项目组选择云南和江西作为典型案例区更具合理性。

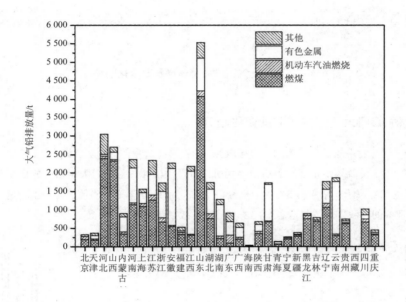

图 A-3　2005—2009 年我国各地区大气铅排放量与排放结构

3．我国各地区大气铅排放时间变化趋势

从时间变化趋势看，2005—2009 年，我国大部分地区大气铅年排放量呈增长趋势，青海省增长最快（西藏由于缺少数据不考虑）。北京、重庆等 11 个城市在这 5 年间排放量出现过负增长率，负增长率大多出现在 2008 年，这与 2008 年北京奥运会的召开关系密切。我国各省市 2005—2009 年大气铅排放年增长率变化（图 A-4）。

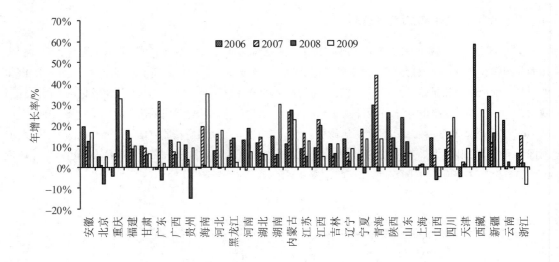

图 A-4　各地区大气铅排放量年增长率变化趋势

4. 不同燃煤部门大气铅排放时间变化趋势

从行业分布看,工业用煤是大气铅的最大排放源,约占总排放量的 83%,燃煤电厂的铅排放量以 9% 的年增长率递增。由于传统燃煤正逐渐为清洁燃煤所代替,生活和其他部门大气铅排放量逐渐减少,自 1997 年开始出现负增长,有学者将其归咎为亚洲经济危机,而 2000 年附近出现的排放量动荡则主要是由工业燃煤量减少造成的。我国燃煤排放各部门的大气铅排放趋势(图 A-5)。

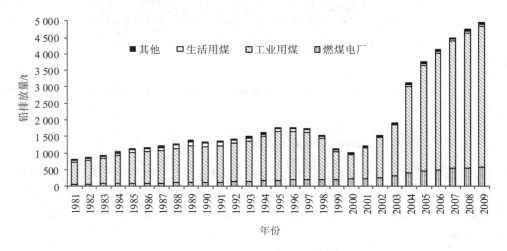

图 A-5　不同燃煤部门大气铅排放趋势

三、大气镉排放水平计算的相关参数设置

1. 燃煤源大气镉排放的计算及参数设置

根据第三章公式 3-29 以及原煤的镉含量、焚烧和控制设备对铅的去除效率等重要参数，可计算出我国工业部门、燃烧电厂、生活用煤和其他行业用煤（包括农、林、牧、渔、建筑、交通等）等燃煤源大气镉排放量情况。计算公式为：

$$E_{j,k} = C_{j,k}F_{j,k}EF_{j,k}(1-P_{DC(j,k)})(1-P_{PDC(j,k)}) \tag{附 A-5}$$

式中，$E_{j,k}$ 为大气镉排放量，t；$C_{j,k}$ 为消费原煤中重金属镉的含量，mg/kg；$F_{j,k}$ 为原煤消费量，t；$EF_{j,k}$ 为煤燃烧过程释放的镉含量，g/kg；$1-P_{DC(j,k)}$ 为除尘设备对重金属镉的去除效率，%；$1-P_{PDC(j,k)}$ 为脱硫设备对重金属镉的去除效率，%；j 为市/自治州；k 为排放源，由经济部门、燃烧设备、除尘和脱硫装置划分。

（1）我国各地区生产和消费原煤中的镉含量

本书根据《中国煤炭工业年鉴》中煤炭在各省的传输情况，构建了煤炭传输矩阵，通过各地生产原煤中的镉含量来计算各地消费原煤中的镉含量。各地生产原煤的铅含量来自同一个地区原煤镉含量文献研究的平均值。不产煤的地区生产原煤镉含量 0，如广东、海南、上海、天津和西藏。在没有文献可以调研的地区，则使用地理位置上相邻地区的平均值代替。根据本文计算，各地区生产、消费煤炭镉含量表 A-6 所示。

表 A-6　我国各省市煤炭中的镉含量　　　　　单位：mg/kg

地区	$C_{j,k}$	地区	$C_{j,k}$	地区	$C_{j,k}$
安徽	0.23	河南	0.98	山东	1.24
北京	0.68	湖北	1.04	上海	0.55
重庆	1.2	湖南	1.64	山西	0.63
福建	1.04	内蒙古	0.13	四川	1.2
甘肃	0.53	江苏	0.74	天津	0.5
广东	1.08	江西	1.05	西藏	0.58
广西	1.11	吉林	0.37	新疆	0.47
贵州	0.81	辽宁	0.58	云南	0.87
海南	0.85	宁夏	1.01		
河北	0.51	青海	0.46		
黑龙江	0.29	陕西	0.39		

（2）燃煤设备和控制设备的效率

本书中燃烧炉的效率、除尘控制设备的效率和脱硫装置的效率采用文献中的平均值（表 A-7）。计算燃煤电厂大气镉排放时考虑燃烧炉、除尘设备和脱硫装置的效率；工业部门中不考虑脱硫过程；生活用煤主要来自传统和改进后的取暖炉，因此不考虑除尘和脱硫过程。

表 A-7　中国燃煤镉排放因子

经济部门	燃烧方式	除尘设施	能源分配比例	镉释放率/%	镉脱除率/%
电力	煤粉炉	电除尘器	0.86	83.0	91.2
	煤粉炉	湿式除尘器	0.05	83.0	99.7
	煤粉炉	布袋除尘器	0.01	83.0	99.6
	层燃炉	湿式除尘器	0.07	40.8	99.7
	层燃炉	机械除尘器	0.01	40.8	45
工业	层燃炉	湿式除尘器	0.29	40.8	99.7
	层燃炉	机械除尘器	0.58	40.8	45
	层燃炉	无	0.04	40.8	0
	流化床	湿式除尘器	0.09	85.0	99.7
生活消费	传统炉灶	无	0.19	2.6×10^{-6} kg/t	0
	加强炉灶	无	0.41	2.6×10^{-6} kg/t	0
	茶浴炉	无	0.4	2.6×10^{-6} kg/t	0
其他	层燃炉	无	1	40.8	0

2. 有色金属冶炼大气镉排放的计算及参数设置

根据第三章公式 3-30 计算云南省各地区有色金属冶炼业大气铅排放水平。有色金属冶炼的焙烧、熔炼等过程都是高温状态，矿石中重金属在这些过程中被大量释放出来，不同的行业活动水平及冶炼技术方法对重金属的释放产生重要的影响。计算公式为：

$$E_s = Q_s \times C_m \times (1 - f_n) \qquad\qquad （附 A-6）$$

式中，E_s 为冶炼过程中镉排放量，t；Q_s 为冶炼产品产量，t；C_m 为在特定技术 m 下的镉排放系数，g/Mg（表 A-8）；f_n 为不同设备去除技术（n）下的去除率（同铅，将表 A-3），%。

表 A-8　不同冶炼部门的产污系数

部门	时间段	产污系数（Cd）
铜冶炼	1990—2000	200
	2000—2009	100
铅冶炼	1990—2000	150
	2000—2009	75
锌冶炼	1990—2000	200
	2000—2009	100

3. 其他源大气镉排放的计算及相关参数

大气重金属其他人为源主要包括：钢铁生产、水泥生产、燃油等，其排放量参照第三章公式 3-31，通过各行业的产量与相应行业的镉排放因子的乘积计算。计算公式为：

$$E_j = M_{i,j} \times F_{i,j} \qquad\qquad （附 A-7）$$

　　式中，E_j 为其他源大气镉排放量，t；$M_{i,j}$ 为燃料消费量或产品产量，t；$F_{i,j}$ 为大气镉排放因子，g/Mg（表 A-9）；i 为不同的省，无量纲；j 为排放源类型，无量纲。

表 A-9　其他污染源镉排放因子

污染源	排放因子	参考文献
钢铁生产	0.09 g/Mg	（EEA，2009）
燃油	0.05 mg/GJ	
水泥生产	0.01 kg/Mg	（EPA，1995）
垃圾焚烧	0.07 g/Mg	（EEA，2009）
化肥生产	1.25	

四、我国大气镉排放水平

　　大气中的镉主要来源于：煤炭燃烧（发电、工业和家用）、燃油（发电、工业和家用）、有色金属的冶炼（火法冶炼）、再生有色金属生产、钢铁生产、垃圾焚化（市政垃圾、污泥）、磷肥生产、水泥生产和木材燃烧；水体中的镉主要来源于：生活污水（主要的、次要的）、蒸汽发电、采矿和洗矿、冶炼和精炼（钢铁、有色金属）和制造业（金属、化学、造纸业、石油生产）；土壤中的镉主要来源于：农业废水、动物粪便、粪肥、木材废料、城市垃圾、城市污泥、包括排泄物的各种有机废物、固体废物、金属制品、粉煤灰和底灰、化肥、泥煤（农业和燃料使用）。

1. 我国大气镉排放水平及排放源结构演变

　　1990—2010 年，我国人为源大气镉排放量呈增长趋势，这一期间人为源大气镉总排放量为 16 292 t，其中有色金属的冶炼排放总量高达 11 032 t，主要来源于铜、铅、锌的生产，燃煤排放量为 3 486 t，钢铁生产向大气排放镉总量为 869 t。由此可见，有色金属的冶炼是造成中国大气镉排放的主要因素。此外，燃油、磷肥和水泥的生产向大气中排放的镉也超过 100 t，需要引起重视。1990—2010 年中国人为源大气镉排放及变化趋势（图 A-6）。

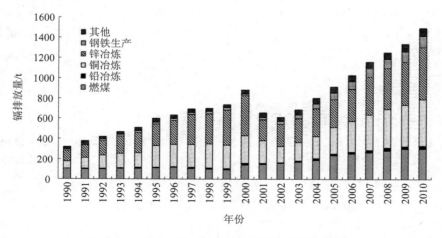

图 A-6　1990—2010 年中国人为源大气镉排放趋势

2. 我国大气镉排放的行业结构及地区差异

从行业结构看，在各燃煤部门镉排放量中工业燃煤是主要排放源，占到全部排放量的一半以上，如图 A-7 所示。

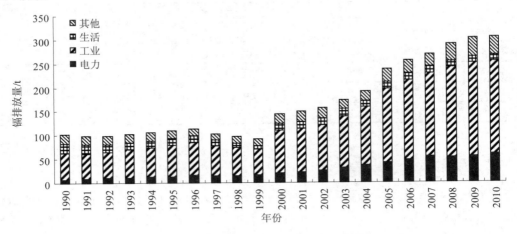

图 A-7　1990—2010 年中国燃煤源大气镉排放总量

从地区分布来看，各省大气镉的排放量存在明显的地区差别，排放量大的区域主要是有色金属冶炼排放比例较大的区域（图 A-8）。排放量最高的省份为湖南，其次为云南和山东（图 A-9）。镉排放较多的地区主要集中在有色金属产地、人口密集、工业集中和经济发展较快的地区，这是由于不同省区间能源消费量及其结构的显著差异造成的。边远省区镉排放量则相对较小，吉林、宁夏、黑龙江、海南镉排放量较小。

从各地区镉排放的时间变化趋势看，根据 2005—2010 年统计结果可知，全国大部分地区镉的排放量呈上升趋势，高排放地区集中于中部地区的湖南、山东两省以及西南部地区的云南省，这可能排放趋势可归因于云南是有色金属冶炼省份，中部工业地区对于燃煤的需求逐年加大导致。

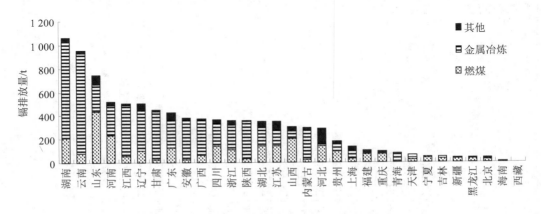

图 A-8　2005—2010 年中国各地区大气镉排放总量

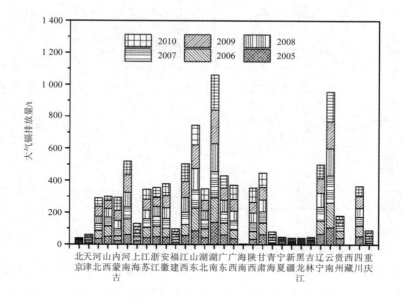

图 A-9 2005—2010 年中国各地区大气镉排放总量地区分布

五、大气铬排放水平计算的相关参数设置

1. 燃煤源大气铬排放的计算及参数设置

根据第三章公式 3-29 以及原煤的铬含量、焚烧和控制设备对铅的去除效率等重要参数，可计算出我国工业部门、燃烧电厂、生活用煤和其他行业用煤（包括农、林、牧、渔、建筑、交通等）等燃煤源大气铬排放量情况。计算公式为：

$$E_{j,k} = C_{j,k}F_{j,k}EF_{j,k}(1-P_{DC(j,k)})(1-P_{PDC(j,k)}) \qquad （附 A-8）$$

式中，$E_{j,k}$ 为大气铬排放量，t；$C_{j,k}$ 为消费原煤中重金属铬的含量，mg/kg；$F_{j,k}$ 为原煤消费量，t；$EF_{j,k}$ 为煤燃烧过程释放的铬含量，g/kg；$1-P_{PDC(j,k)}$ 为除尘设备对重金属铬的去除效率，%；$1-P_{PDC(j,k)}$ 为脱硫设备对重金属铬的去除效率，%；j 为市/自治州；k 为排放源，由经济部门、燃烧设备、除尘和脱硫装置划分。

（1）我国各地区生产和消费原煤中的铬含量

本书根据《中国煤炭工业年鉴》中煤炭在各省的传输情况，构建了煤炭传输矩阵，通过各地生产原煤中的铬含量来计算各地消费原煤中的铬含量。各地生产原煤的铬含量来自同一个地区原煤铅含量文献研究的平均值。不产煤的地区生产原煤铬含量 0，如广东、海南、上海、天津和西藏。在没有文献可以调研的地区，则使用地理位置上相邻地区的平均值代替。根据本文计算，各地区生产、消费煤炭铬含量如表 A-10 所示。

表 A-10　我国各省市煤炭中的铬含量　　　　　　　　　　　　　　单位：mg/kg

地区	$C_{j,k}$	地区	$C_{j,k}$	地区	$C_{j,k}$
安徽	29.84	河南	24.84	山东	21.93
北京	25.47	湖北	28.03	上海	25.98
重庆	28.89	湖南	33.73	山西	21.82
福建	29.78	内蒙古	14.75	四川	33.12
甘肃	23.16	江苏	25.92	天津	25.05
广东	32.65	江西	34.44	西藏	13.07 a
广西	55.38	吉林	18.35	新疆	13.07
贵州	28.49	辽宁	23.39	云南	70.79
海南	28.05	宁夏	27.12	浙江	26.80
河北	26.55	青海	27.98		
黑龙江	15.60	陕西	32.23		

数据来源：（Cheng et al.，2014）

（2）燃煤设备和控制设备的效率

本书中燃烧炉释放率（表 A-11）、除尘控制设备的效率和脱硫装置的效率（表 A-12）采用文献中的平均值。计算燃煤电厂大气镉排放时考虑燃烧炉、除尘设备和脱硫装置的效率；工业部门中不考虑脱硫过程；生活用煤主要来自传统和改进后的取暖炉，因此不考虑除尘和脱硫过程。

表 A-11　不同燃烧设备的铬释放率

设备	释放率/%	参考文献
层燃炉	88.00	（Nodelman et al.，2000）
	93.00	（Huang et al.，2004）
	84.5	（Tian et al.，2012）
煤粉炉	28.47	（Wang et al.，1996）
	25.00	（J. Zhang et al.，2003）
流化床	80.00	（Åmand et al.，2006）
	82.00	（Huang et al.，2004）
生活用煤	28	（Wang et al.，1996）
	20	（Ma et al.，2008）
本书中：		
燃煤电厂	81.45	
工业燃煤	45	

表 A-12　不同除尘/脱硫设备的铬去除率

设备	去除率/%	参考文献
电除尘器（ESP）	98.00	（Helble et al.，1996）
	99.70	（Meij & Winkel，2007）
	96.85	（Nyberg et al.，2009）
布袋除尘器（FFs）	87.00	（Nodelman et al.，2000）
	99.0	（Yi et al.，2008）
	99.4	（Nyberg et al.，2009）

设备	去除率/%	参考文献
湿式除尘器	48.14	（EPA，2001）
旋风除尘器	17.77	（Wang et al.，1996）
	42.30	（EPA，2001）
湿式烟气脱硫	80	（Meij & Winkel，2007）
	92	（Tian et al.，2012）
本书中：		
除尘率（燃煤电厂）	65.97	86
除尘率（工业燃煤）	67.96	
脱硫率	80	

2. 机动车汽油燃烧源大气铬排放的计算及参数设置

根据第三章公式 3-32 可计算出我国机动车汽油燃烧源的大气铬排放水平，其中汽油中的铬含量是重要参数之一（表 A-13）。计算公式为：

$$E_g = K_{Cd} \times Q_g \qquad （附 A-9）$$

式中，E_g 为车辆所消耗的燃油中的铬的排放量，t；K_{Cd} 是汽油中铬的含量，g/t；Q_g 为汽油的消耗量。

表 A-13　不同燃油的铬排放因子

燃油类型	排放因子/（g/t）	参考文献
柴油[①]	30.408 3	（EEA，2009）
煤油[②]	30.362 2	（EEA，2009）
汽油	16	（EEA，2009）

注：①柴油和煤油的排放因子为 1.4 g/GJ。二者的热值分别为 46.04 MJ/kg 和 43.11 MJ/kg。
②燃油的排放因子为 $8.45*10^{-4}$ lb/10^3 gal，乘以 0.12 转化为 g/t。

3. 其他源大气铬排放的计算及相关参数

大气重金属其他人为源主要包括：钢铁生产、水泥生产、燃油等，其排放量参照第三章公式 3-31，通过各行业的产量与相应行业的铅排放因子的乘积计算。计算公式为：

$$E_j = M_{i,j} \times F_{i,j} \qquad （附 A-10）$$

式中，E_j 为其他源大气铅排放量，t；$M_{i,j}$ 为燃料消费量或产品产量，t；$F_{i,j}$ 为大气铅排放因子，g/Mg（表 A-5）；i 为不同的省，无量纲；j 为排放源类型，无量纲。

燃油类型	排放因子/（g/t）	参考文献
含铬铁及相关产业生产	30.408 3	（Shular，1989）
水泥生产	30.362 2	（Pacyna et al.，2001）
粗钢生产	2.3	（EEA，2009）
生铁生产	4.5	（EEA，2009）
垃圾焚烧	1.1	（Pacyna et al.，2001）

六、我国大气铬的排放水平

全球年产约 750 万 t 铬，90%用于钢铁生产。铬污染主要产生于铬矿的开采和冶炼，以及含铬化合物在电镀、蹂革、颜料、合金、印染、胶印及农业上的应用。工业上对铬及其化合物需求量的增加使铬盐生产迅速发展，由于我国铬盐行业采用资源、能源利用率低的有钙焙烧传统工艺，导致大量铬渣和含铬废气产生。

1. 我国大气铬排放水平及排放源结构演变

根据排放因子法，计算了 1990—2009 年我国人为源大气铬排放量，其中，燃煤是排放量最大的行业，其次是水泥和钢铁（图 A-10）。铬矿的开采和冶炼，以及含铬化合物在电镀、蹂革、颜料、合金、印染、胶印及农业上的应用也会带来铬污染，需进一步整理其他行业的铬排放情况。

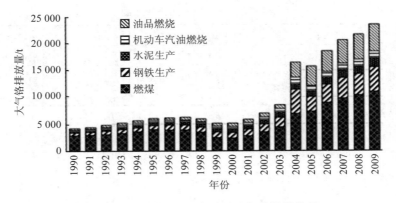

图 A-10　1990—2009 年我国大气铬排放趋势

2. 我国大气铬排放地区差异

我国大气铬排放的地区分布分析结果表明，排放铬最多的省份为河北，其次是山东、江苏、河南、湖南等省，这些地区排放量较多的原因主要包括：工业比较发达，有大量的加工制造业和钢铁行业；有色金属矿较多，有色金属产量较高，并且铬还可以与其他金属伴生。我国大气铬排放的地区分布情况如图 A-11 所示。

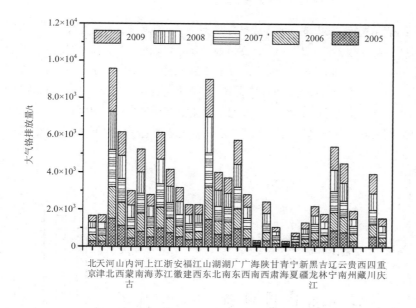

图 A-11　2005—2009 年我国大气铬排放量分布

3. 我国各地区大气铬排放时间变化趋势

从 2005—2009 年我国各省市大气铬年排放的年增长率分析结果,可以看出:在这 5 年里,各地区的铬年排放量大部分是呈增长趋势的。排放量增长最快的是青海省(西藏由于缺少数据不考虑)。北京、重庆等 11 个城市在这 5 年间排放量出现过负增长率,负增长率大多出现在 2008 年,这与 2008 北京奥运会的召开关系密切。我国各省市 2005—2009 年大气铅排放年增长率如图 A-12 所示。

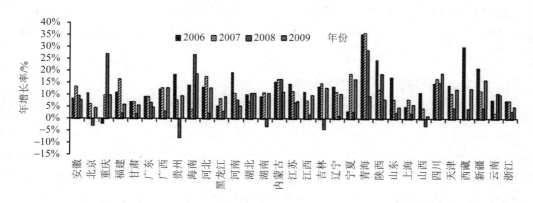

图 A-12　各省大气铬排放量年增长率变化趋势

4．不同燃煤部门大气铬排放时间变化趋势

进一步分析各部门燃煤排放大气铬的排放趋势发现，工业用煤是最大的排放源，约占总排放量的86.5%，其中燃煤电厂的铬排放量平均以 8.79%的年增长率递增。但自 1997 年开始，其排放量减速增长，有学者将这一趋势归咎于亚洲经济危机；2000 年附近出现的排放量动荡主要是由于工业燃煤量减少造成的；步入 21 世纪，这种增长又变得非常迅猛，年增产率几乎都达到了 14%；而在 2008 年，其排放量呈现负增长，这可能与 2008 年奥运会期间加强了对燃煤电厂排放的限制有关。相较于燃煤排放和工业排放，生活和其他部门排放量所占比例非常小，且无明显变化。燃煤排放各部门大气铬的排放趋势如图 A-13 所示。

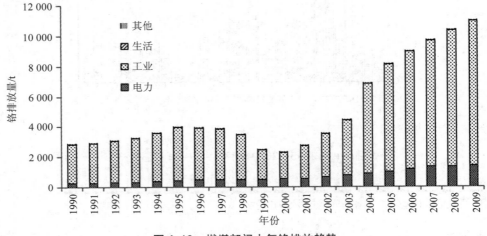

图 A-13　燃煤部门大气铬排放趋势

七、我国大气汞的排放水平

我国大气汞的主导源为燃煤和有色金属冶炼，有关研究表明（徐玲玲等，2012），大气汞的浓度水平受到本地源、环境参数（太阳辐射、温度和相对湿度等）及非本地源长距离输入的影响。相对而言，城区大气汞浓度高于郊区，冬季大气汞浓度高于夏季。

1．我国大气汞排放水平和排放源结构

Zhang（2015）等利用大气汞排放模型（CAME）最新估计的大气汞排放清单显示，我国大气汞排放自 2000—2010 年呈现逐年增长的趋势，历年排放水平及排放源如图 A-14 所示。其中，工业燃煤、燃煤电厂、有色金属冶炼以及水泥生产是我国主要的大气汞排放源。这表明对工业部门采取空气污染控制措施对于大气汞排放的控制具有至关重要的作用。虽然大气汞排放逐年递增，但 2002—2006 年的增长更为迅速。2002—2004 年，增长最为迅速的是燃煤电厂、工业燃煤、铅锌冶炼、水泥生产以及钢铁生产，但 2004—2006 年期间酸厂在有色金属冶炼厂的广泛使用使这一部门大气汞排放的增长速度降至最低。2000—2010 年，燃煤电厂和工业燃煤的排放强度分别降低至 0.065 g（Hg）/t 煤和 0.158 g（Hg）/t 煤，但水泥生产的排放强度却由 0.027 g（Hg）/t 水泥增至 0.052 g（Hg）/t 水泥。2010 年，各生产部门大气汞的排放对总汞排放的贡献率如图 A-15 所示。

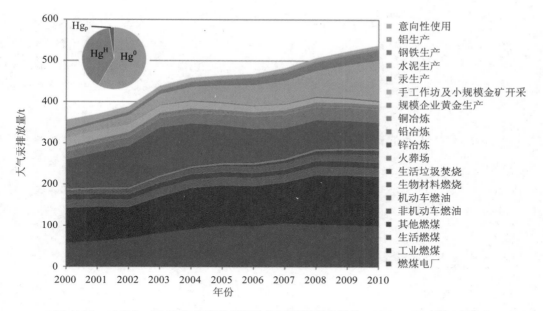

图 A-14　2000—2010 年我国分部门大气汞排放变化趋势（Zhang et al.，2015）

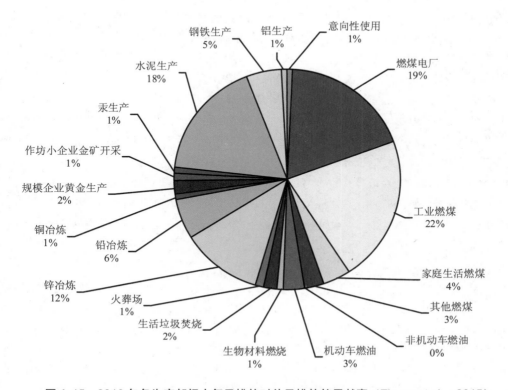

图 A-15　2010 年各生产部门大气汞排放对总汞排放的贡献率（Zhang et al.，2015）

2. 我国大气汞排放地区差异

2010 年，大气汞排放前十位的省份依次为：河南、山东、江苏、云南、河北、甘肃、湖南、广东、内蒙古及湖北，占全国大气汞排放总量的 60%。华北平原是大气汞排放最为严重的地区，其中排放量最大的河南省排放总量为 50 t，绝大部分来源于工业燃煤、燃煤电厂、铅锌冶炼以及水泥生产。汞污染较为严重的区域主要集中在经济发达地区，如华北地区、长三角和珠三角地区。

八、我国大气砷的排放水平

燃煤排放的砷是引起大气环境污染和经济损失的重要衡量元素之一，排放到大气中的砷主要来源于煤的燃烧。虽然砷在煤中含量通常并不高，但由于耗煤量巨大使得燃煤成为大气中砷的主要来源。据统计，我国每年由于燃煤造成环境污染的经济损失近百亿元，其中砷污染排放造成的环境与经济损失不容忽视。

1. 我国大气砷排放水平和排放源结构

与大气汞排放量类似，1980—2007 年，由于国内经济的持续迅速增长，燃煤量不断增加，随之排放的大气砷也持续稳定增长（图 A-16）。大气砷排放量由 1980 年的 635.57 t 增长到 2007 年的 2 205.50 t，平均年增长率达到 4.7%。电力部门的大气砷排放量增长最为迅速，平均年增长率为 10.9%，2007 年排放总量为 550.08 t。工业部门大气砷排放量的增长缓慢，电力部门仍是砷排放量最高的部门。从图 A-18 中我们可以看出，工业部门大气砷排放量由 1980 年的 382.67 t 增长至 2007 年的 348.70 t。电力部门和工业部门的排放量共占总放量的 90%，因此，总体上对我国燃煤砷污染排放的控制还应该以工业和电力部门为重。由于清洁燃料（如天然气、电等）的推广，使得煤炭消耗有所降低，大气砷排放量也随之减少。2007 年家用燃煤大气砷排放量估计值为 10.18 t，低于 1980 年排放量。

自 1980 年起，中国电力部门与工业部门大气砷排放量持续迅速增长，1991 年与 1999 年前后均有波动。我们可以清楚地看到，近年来大气砷排放量的增长速率有所减缓，这一变化主要归功于自 2005 年起燃煤电厂相继安装静电除尘器、纤维过滤器、烟道气脱硫装置等空气污染控制设备。然而，由于新进 PM 和 SO_2 控制设备较低的渗透，工业部门燃煤大气砷排放量仍持续增长。

大气砷排放量同样与煤炭消费量相关。自 2000 年起，电力部门和工业部门耗煤量呈迅速增长态势。除几个特殊的年份外（如 1997 年、1998 年受金融危机影响），电力部门耗煤量年增长率高于工业部门。自 21 世纪初以来，能源密集型制造业（如钢铁和水泥生产）快速扩张，电力部门和工业部门的煤炭消费量一直保持着较快的增长速度。

2. 我国大气砷排放地区差异

从空间分布看，大气砷排放量中南＞东部＞南部＞西南＞东北＞西北。中南部大气砷排放量最高，2007 年中南部大气砷排放量为 541.6 t，占全国大气砷排放量的 24.6%。这是由于中南部燃煤砷含量较之其他省份偏高。排名前两位的东部和中南部 2007 年大气砷排放量占全国大气砷排放总量的 49.5%。从 2000 年、2005 年和 2007 年中国各省的砷排放情况可以看出，我国一些省份的砷排放量很高（山东、河南和吉林），而一些省份砷排放量呈下降趋势（北京、上海和宁夏）。各省份大气砷排放总量的不同也受各省燃煤类型的影响。如湖南、吉林省砷排放量显著高于其他省，这是由于湖南、吉林省燃烧的原煤中含砷量较高。

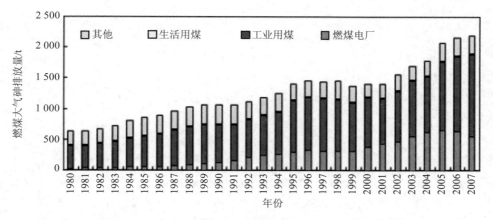

图 A-16　1980—2007 年我国大气砷排放水平（Tian et al.，2010）

附录 B 云南省大气铅排放清单

污染源排放清单能定量分析各种污染源所排放污染物的排放总量即时空分布,是描述污染物排放特征的有效方法。目前,国外在 SO$_2$、NO$_x$、VOCs、OC 等典型大气污染物排放清单方面取得了较大的进展。如美国国家环境保护局(USEPA)编制了美国国家污染物排放清单,日本国立环境研究院开发了1980—2020 年亚洲大气污染物排放清单。这些清单的建立为分析模拟大气污染物排放的时空分布及其对人群健康的风险分析提供了重要的基础。本章以重金属铅为研究物质,建立了 1980—2009 年云南省各地区不同人为源大气铅重金属元素的排放清单,并重点分析了 2009 年的排放数据。首先按照不同经济部门、燃料类型、燃烧方式和污染物去除技术对可能的人为源进行分类,基于不同排放源的活动水平,结合各部门污染排放因子,计算铅大气排放量,基于各行业土地利用类型及相应的人口分布得到各污染源的空间分布,进而给出云南省分行业铅污染排放清单。

一、大气铅排放水平计算的相关参数设置

根据云南省产业经济结构,将铅的人为大气主要排放源分为燃烧源和工业过程源两大类。其中燃烧源包括煤炭燃烧、油品燃烧,煤炭燃烧源可进一步可以分为电力燃煤、工业燃煤、生活燃煤和其他燃煤四类;油品燃烧主要包括燃料油燃烧及车辆汽油燃烧;工业过程排放源包括有色金属冶炼(铜、铅、锌冶炼)钢铁生产以及水泥生产等。云南省 16 个地区,不同年份的各个经济部门的原煤消费量数据来源于《云南省统计年鉴》。

1. 燃煤源大气铅排放的计算及参数设置

根据第三章公式 3-29 以及原煤的铅含量、焚烧和控制设备对铅的去除效率等重要参数,可计算出我国工业部门、燃烧电厂、生活用煤和其他行业用煤(包括农、林、牧、渔、建筑、交通等)等燃煤源大气铅排放量情况。计算公式为:

$$E_{j,k} = C_{j,k}F_{j,k}EF_{j,k}(1 - P_{DC(j,k)})(1 - P_{FDC(j,k)}) \qquad \text{(附 B-1)}$$

式中,$E_{j,k}$ 为大气铅排放量,t;$C_{j,k}$ 为消费原煤中的重金属铅含量,mg/kg;$F_{j,k}$ 为原煤消费量,t;$EF_{j,k}$ 为煤燃烧过程释放的铅含量,g/kg;$1 - P_{DC(j,k)}$ 为除尘设备对重金属铅的去除效率,%;$1 - P_{FDC(j,k)}$ 为脱硫设备对重金属铅的去除效率,%;j 为市/自治州;k 为排放源,由经济部门、燃烧设备、除尘和脱硫装置划分。

(1)云南省生产和消费原煤中的铅含量(W×10^{-6})

曾有研究人员对云南省煤中铅含量平均值作过统计,由于云南省是煤炭输出省,煤炭主要产自滇东地区,受不同自然因素的影响,各地区生产的原煤铅含量存在差异,但是目前的对于煤炭中含铅量的研

究仅限于省际比较，而省内的区际数据相对缺乏，受数据的局限性，本书采用文献调研法，采用国内其他学者的研究成果，如表 B-1 所示。

表 B-1　云南省消费原煤中的铅含量 $C_{j,k}$　　　　　　单位：mg/kg

最小值	最大值	平均值	样本数	参考文献
5	29.6	20.57	31	（李大华 et al.，2006）
6	14.8	10.3	—	（Li et al.，2012）
—	—	41.4	—	（Tian et al.，2012）
—	—	14	13	（秦俊法，2010）

（2）不同燃烧炉大气铅释放率

由于工艺差异，不同燃烧炉在燃煤过程中对铅的释放效率有所不同，故本书考虑了层燃炉、煤粉炉和流化床等几种燃烧炉类型对燃煤铅的释放率。燃煤电厂使用比例最大的燃烧炉类型是煤粉炉，占到了90%以上，层燃炉和流化床炉主要应用于容量较小的燃煤电厂，工业部门主要使用的是层燃炉，各燃烧设备的铅释放率见表 B-2。

表 B-2　不同燃烧设备的铅释放率 $EF_{j,k}$

源分类	年份	燃烧设备	铅排放率/%	设备应用率/%
电厂源	1980—1990	层燃炉	41.24	100～80
		煤粉炉	57.5	0～20
		流化床	88.31	0
	1990—2000	层燃炉	41.24	80～25
		煤粉炉	57.5	20～70
		流化床	88.31	0～5
	2000—2009	层燃炉	41.24	25～0
		煤粉炉	57.5	70～50
		流化床	88.31	5～50
工业源	1980—1990	层燃炉	41.24	100～96
		流化床	88.31	0～4
	1990—2000	层燃炉	41.24	96～92
		流化床	88.31	4～8
	2000—2009	层燃炉	41.24	92～85
		流化床	88.31	8～15

美国国家环境保护局在计算排放因子时，将锅炉设备的控制效率设为：燃煤电厂95%，工业和商业锅炉56%，生活用锅炉没有控制设备（USEPA，1995）。目前，中国所有的燃煤电厂都安装了颗粒物控制装置，包括旋风除尘器、湿式除尘器、布袋除尘器及电除尘器。电除尘器是目前国内燃煤电厂和集中供热工业锅炉应用最广泛的除尘设备。电除尘器占所有除尘设备装机容量的 95%以上，尤其是云南省，燃煤电厂电除尘器的使用率达到100%。几年来随着环保排放标准的不断严格化，布袋除尘器的使用率也在增加。

截至 2007 年年底，全国约有 2.0%的电力装机安装了布袋除尘器。湿式除尘器和旋风除尘器是应用于工业锅炉的两种主要的颗粒物控制装置，另外电除尘器也越来越多的被引进到工业锅炉尾气治理中。燃烧后 SO_2 控制技术即烟气脱硫（FGD）主要应用于发电厂，可分为三大类：干法、半干法、湿法。从 2000 年开始随着我国有关控制酸雨和二氧化硫污染控制政策的实施，燃煤电厂 FGD 装机容量快速增长，2007 年年底，全国安装 FGD 的燃煤锅炉装机总量达 265.6 GW，约占火电装机总容量的 50%。其中，超过 92.3%装机的燃煤电厂采用湿法 FGD 工艺，不同大气控制措施对铅的去除率（Li et al.，2012；Tian et al.，2012）（表 B-3）。

表 B-3   不同大气污染控制措施对铅的去除率 $1-P_{DC(j,k)}$

源分类	年份	控制设备	铅去除率/%	设备应用率/%
电厂源	1980—1990	湿式除尘器	70.1	40
		旋风除尘器	65	60~40
		电除尘器	97.95	0~12
		袋式除尘器	99	0
		湿法脱硫装置	80	0~8
	1990—2005	湿式除尘器	70.1	40~20
		旋风除尘器	65	48~25
		电除尘器	97.95	12~50
		袋式除尘器	99	0~5
		湿法脱硫装置	80	8~70
	2005—2009	湿式除尘器	70.1	20~5
		旋风除尘器	65	25~0
		电除尘器	97.95	50~90
		袋式除尘器	99	5~10
		湿法脱硫装置	80	70~85
工业源	1980—1990	湿式除尘器	70.1	5~12.5
		旋风除尘器	65	35~42.5
		没有控制措施	0	60~45
		湿法脱硫装置	80	0
	1990—2000	湿式除尘器	70.1	12.5~20
		旋风除尘器	65	42.5~50
		没有控制措施	0	45~30
		湿法脱硫装置	80	0
	2000—2009	湿式除尘器	70.1	20~30
		旋风除尘器	65	50~65
		没有控制措施	0	30~5
		湿法脱硫装置	80	30

　　生活消费燃煤锅炉主要是传统炉灶、加强炉灶和茶浴炉兵器，没有污染控制措施。借鉴澳大利亚国家污染物排放清单（NPI）测量的排放因子（NPI，1999），居民源及其他源燃煤大气铅排放因子如表 B-4 所示。

表 B-4　居民源及其他源燃煤大气铅排放因子

源分类	年份	燃烧设备	铅排放因子/（g/Mg）	设备应用率/%
居民源	1980—2009	传统炉灶	19.8	100～96
		加强炉灶	8.02	0～4
	1990—2000	传统炉灶	19.8	96～92
		加强炉灶	8.02	4～8
	2000—2009	传统炉灶	19.8	92～50
		加强炉灶	8.02	8～50
其他源	1980—2009	—	8.02	100

2. 车辆汽油燃烧大气铅排放的计算及参数设置

　　根据第三章公式 3-32 估算机动车汽油燃烧所产生的大气铅排放，这一方法是在燃料消耗和相应的排放因子的基础上所进行的（EEA，2009；EPA，1995）。污染物的排放主要依赖于相应的国家排放标准和汽油中的铅含量。计算公式为：

$$E_g = 0.76 \times K_{Pb} \times Q_g \qquad\qquad （附 B-2）$$

　　式中，E_g 为车辆所消耗的汽油中的铅的排放量，t；K_{Pb} 是汽油中铅的含量，g/L；Q_g 为汽油的消耗量；0.76 则是汽油中所含的铅有 76% 被排放到空气中（Biggins et al.，1979）。在不同时期，国家排放标准及汽油含铅量（K_{Pb}）不同。中国自 2000 年 7 月 1 日停止使用含铅汽油，并规定用于机动车辆的无铅汽油的含铅量不超过 0.005 g/L（GB 17930—1999）。因此，本研究中 K_{pb} 的参数，赋值为各时期的国家对汽油含铅量的限制值，如 2001—2009 年的无铅汽油被选定为 0.005 g/L，1991—2000 年含铅汽油值为 0.35 g/L（GB 484—89）和 1965—1990 年含铅汽油值为 0.64 g/L（GB 484—64）。

3. 有色金属冶炼业大气铅排放的计算及参数设置

　　根据第三章公式 3-30 计算云南省各地区有色金属冶炼业大气铅排放水平。有色金属冶炼的焙烧、熔炼等过程都是高温状态，矿石中的重金属在这些过程中被大量释放出来，不同的行业活动水平及冶炼技术方法对重金属的释放会产生重要的影响。计算公式为：

$$E_s = Q_s \times C_m \times (1 - f_n) \qquad\qquad （附 B-3）$$

　　式中，E_s 为冶炼过程中铅排放量，t；Q_s 为冶炼产品产量，t；C_m 为在特定技术 m 下的铅排放系数，g/Mg（如表 B-5 所示）；f_n 为不同设备去除技术（n）下的铅去除率，%。

表 B-5　有色冶炼行业大气铅排放因子

污染源	年份	工业技术	排放因子/（g/Mg）	使用率/%
铜冶炼	1980—1990	铜阳极冶炼	601.5	100～72.5
		闪速熔炼	80.9	0～12.5
		熔池熔炼	149.7	0～15
	1990—2000	铜阳极冶炼	601.5	72.5～45
		闪速熔炼	80.9	12.5～25
		熔池熔炼	149.7	15～30
	2000—2009	铜阳极冶炼	601.5	45～18
		闪速熔炼	80.9	25～42
		熔池熔炼	149.7	30～40
铅冶炼	1980—1990	烧结机—鼓风炉（>5 万 t/a）	162.6	0～12.5
		烧结机—鼓风炉（<5 万 t/a）	183.5	50～37.5
		水口山（SKS）	186.2	50
	1990—2000	烧结机—鼓风炉（>6 万 t/a）	162.6	12.5～25
		烧结机—鼓风炉（<6 万 t/a）	183.5	37.5～25
		水口山（SKS）	186.2	50
	2000—2009	烧结机—鼓风炉（>7 万 t/a）	162.6	25～40
		烧结机—鼓风炉（<7 万 t/a）	183.5	25～10
		水口山（SKS）	186.2	50
锌冶炼	1980—1990	湿法—电解（>10 万 t/a）	90.42	0～15
		湿法—电解（<10 万 t/a）	120.4	100～85
	1990—2000	湿法—电解（>10 万 t/a）	90.42	15～30
		湿法—电解（<10 万 t/a）	120.4	85～70
	2000—2009	湿法—电解（>10 万 t/a）	90.42	30～55
		湿法—电解（<10 万 t/a）	120.4	70～45

注：数据来源：何德文 et al.，2011；李若贵，2010；EEA，2009；EPA，1995

4. 其他源大气铅排放的计算及参数设置

其他源主要包括：钢铁生产、水泥生产、燃油等，其大气铅排行按照公式 3-31 进行估算，计算公式为：

$$E_j = M_{i,j} \times F_{i,j} \qquad （附 B-4）$$

式中，E_j 为其他源大气铅排放量，t；$M_{i,j}$ 为燃料消费量或产品产量，t；$F_{i,j}$ 为大气铅排放因子，g/Mg（表 B-6）；i 为不同的市、自治区，无量纲；j 为排放源类型，无量纲。

表 B-6　其他源大气铅排放因子

行业	排放因子	来源
钢冶炼	0.7 g/Mg	（EEA，2009）
粗铁生产	0.000 6 g/Mg	（EEA，2009）
燃料油燃烧	4.1 mg/GJ	（EPA，1995）
水泥生产	0.36 g/Mg	（EEA，2009）

二、云南省大气铅排放清单

1. 云南省大气铅污染排放历史趋势

1980—2009 年近 30 年，云南省累计向大气中排放约 1.25 万 t 铅，其中累积排放量最高的行业为汽车燃油铅排放为 5 017.68 t，占全省大气铅累积排放量的 39.99%；其次为燃煤源大气铅累积排放量 4 486.21 t，占全省大气铅累积排放量的 35.75%；有色金属冶炼行业大气铅累积排放量为 2 832.10 t，占全省大气铅累积排放量的 22.57%。三大行业大气铅累积排放量占全省大气铅累积排放量的 98.31%，其他行业大气铅累计排放量仅占全省大气铅累积排放量的 1.69%（图 B-1）。从图中还可明显看出，云南省大气铅排放量呈现阶段性增长趋势，云南省大气铅排放主要可以分为"含铅汽油"及"无铅汽油"阶段。

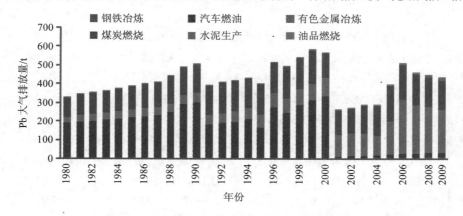

图 B-1　1980—2009 年云南省大气铅排放趋势

选择处于不同排放时期的两个相邻的年份来进行分析（2000 年—"含铅汽油阶段"；2001 年—"无铅汽油阶段"）对比，结果机动车燃油 2001 年排放量相对于 2000 年下降了 97.48%，对大气铅排放的贡献率由最初的 57.99% 迅速降低到 3.17%，对于 2001 年大气铅减排贡献为 104.93%。云南省两个时期人为源对大气铅排放的分担率差异较大（图 B-2）。

"含铅汽油"阶段自 1980—2000 年，在此阶段机动车燃油源对大气铅排放量起主导作用，年均值占全省大气铅排放总量的 52.96%（40.86%～58.91%）；根据汽油含铅量的高低将其划分为两个时期，"高含铅量"时期 1980—1990 年，汽油含铅值为 0.64 g/L，动车燃油源大气铅排放年均值占全省大气铅排放总量的 56.4%（55.38%～58.91%）；"低含铅量"时期 1990—2000 年，汽油含铅值为 0.35 g/L，动车燃油源大气铅排放年均值占全省大气铅排放总量的 56.4%（40.86%～57.99%）。

"无铅汽油"阶段自 2001—2009 年，在此阶段机动车燃油源对大气铅排放的贡献率迅速下降，年均值占全省大气铅排放总量的 4.45%（5.3%～3.86%）；有色金属冶炼源及燃煤源对于大气铅排放贡献率起主导作用，年均值分别占全省大气铅排放总量的 47.51%（35.57%～57.68%）、43.96%（34.45%～55.56%）；根据排放源在云南大气铅排放中的主导性，将其划分为两个时期，"燃煤"时期 2001—2005 年，燃煤源大气铅排放年均值占全省大气铅排放总量的 50.93%（47.89%～55.56%）起主导作用；"有色冶炼"时期 2006—2009 年，有色金属冶炼行业迅速发展，有色金属冶炼源大气铅排放年均值占全省大气铅排放总量的 55.02%（53.13%～55.68%）。

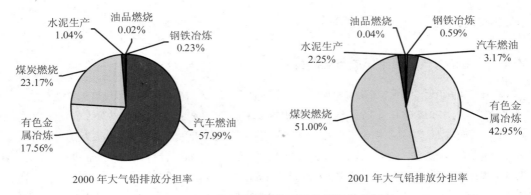

图 B-2　云南省大气铅排放不同阶段行业分担率

从大气铅排行的部门分布特征看，燃煤源是云南省大气铅排放重要贡献源之一。其中生活燃煤自1980—2003 年是云南省燃煤大气铅排放的最大排放源，占燃煤源年均排放量的 52.79%（39.64%～60.27%）。自 2000 年以来，由于清洁能源的使用以及民用燃灶技术更新，生活部门燃煤消耗量及年均大气铅排放量逐年下降，由 2000 年的 73.46 t 降低到 2009 年的 40.56 t，排放量降低了 42.43%，占燃煤源年均排放量的比例由 2000 年的 53.38%降低到 2009 年的 23.64%；随着云南经济的发展，工业行业及电力行业煤炭利用量逐年上升，工业部门燃煤大气铅排放，由 1980 年的 26.97 t 上升到 2009 年的 71.33 t，排放量增加了 1.64 倍，1980 年占燃煤源年均排放量的比例由 2000 年的 24.19%上升到 2009 年的 47.25%。

对于电力部门，虽然近年来（2006—2009 年）云南省电力部门煤耗不断增加，但大气铅排放量却逐年下降，其主要原因是"十一五"期间各地区不断加大环保工作力度，实施了一系列淘汰落后产能政策如关闭小火电厂、大力发展电厂脱硫措施，使得大气铅排放量由 2006 年的 39.61 t 下降到 2009 年的 11.37 t，排放量降低了 71.29%。近年来（2004—2009 年）交通邮电业等第三产业迅速发展，导致其他行业燃煤大气铅排放由 2004 年的 11.62 t 上升到 2009 年的 27.7 t，排放量增加了 1.38 倍。从图 B-1 中可以明显看出，2000 年出现拐点，电力行业及工业行业燃煤大气铅排放量迅速下降，主要归因于我国出台针对"两控区"SO_2 减排政策，其中尤以湿法脱硫设施的使用致使燃煤大气铅排放量迅速下降。

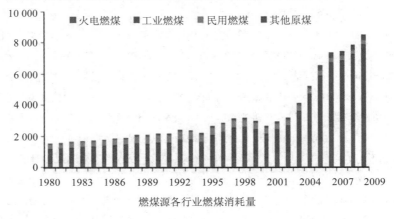

燃煤源各行业燃煤消耗量

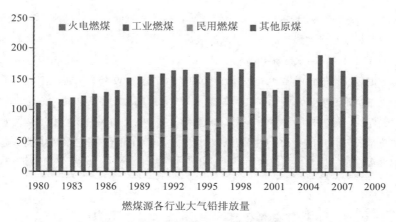

燃煤源各行业大气铅排放量

图 B-3 1980—2009 年云南省煤炭消耗量及大气铅排放量

从图 B-1 中可以明显看到近年来（2006—2009 年）有色冶炼行业大气铅排放呈现明显降低趋势，主要归因于"十一五"期间各地区不断加大环保工作力度，实施了一系列淘汰落后产能的政策，关闭一系列小型无组织冶炼工厂。从 1980—2009 年云南省有色金属冶炼行业大气中铅的排放及构成情况看，随着近年来有色金属工业的快速发展，在 1980 年的排放基础上，大气铅排放量迅速增长，其中对其增长贡献最大的行业为铅、锌冶炼行业。2009 年铜、铅、锌冶炼业大气铅排放量分别为 85.96 t、63.67 t、82.15 t，比 1980 年分别增长了 3.52、11.45、58.18 倍（图 B-4）。

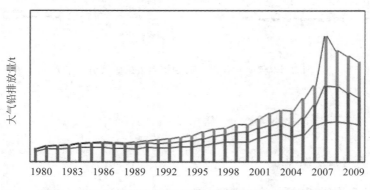

图 B-4 1980—2009 年云南省有色金属冶炼大气铅排放量

2．云南省大气铅排放空间分布特征

按不同阶段，基于 1999 年、2009 年的数据结果显示，云南省 16 个市、自治州两个时期内大气铅排放量空间分布趋势较为一致，从滇东南向滇西北呈现递减趋势，其中排放量最高的市集中在滇东地区，昆明市、曲靖市和红河州是排放量前 3 位的地区，分别占全省 1999 年大气铅排放量的 33.59%、13.2%、12.68%，三个区域大气铅排放量总和约占区域铅排放量 59.37%，分别占全省 2009 年大气铅排放量的 38.13%、15.75%、15.23%，三个区域大气铅排放量总和约占区域铅排放量 69.01%（图 B-5）。滇中地区，大理白族自治州、玉溪市以及楚雄州的排放量也不能忽视。

　　图中的柱状图表示了每个地区排放量的污染源结构，在不同时期其排放源结构不同，其中 1999 年国家还没有出台针对机动车燃油铅排放的无铅汽油政策，各区域排放量最大的为机动车燃油大气铅排放，约占排放总量的 53.11%（34.46%～86.05%），其次为燃煤源占区域排放总量的 30.93%（13.79%～56.68%），有色金属冶炼业占区域排放总量的 14.74%（0～29.39%）；至 2009 年，各地区大气铅排放源发生了重大的变化，由于无铅汽油的使用，各地区机动车燃油大气铅排放量大幅度削减，各区域排放量最大的为机动车燃油大气铅排放，约占排放总量的 5.3%（1.16%～13.88%），有色金属行业迅猛发展，有色金属冶炼业占区域排放总量的 53.13%（0～84.08%），居于首位，由于烟气湿法脱硫及锅炉技术更新，虽然燃煤量持续增加，但大气铅排放量并未显著增加，与原来的比例基本持平为 34.6%（14.6%～83.5%）。

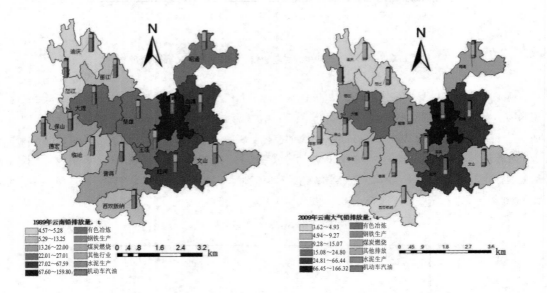

图 B-5　云南省各市及自治州大气铅排放量分布

三、云南省大气铅 12 km×12 km 网格排放清单

1．排放清单网格化处理方法

　　为了更精确地获得云南大气重金属排放的空间分布特征，将排放源分为点源和面源两类分别进行处理。与此同时，排放较为集中，数据容易获取的燃煤电厂以及水泥厂作为点源处理，其资料主要来源于《云南省统计年鉴》中主要工业企业名录，扣除电厂及水泥厂点源，其他排放源按照面源进行处理主要包括：钢铁冶炼、有色金属冶炼、油品燃烧、工业燃煤、居民生活燃煤等人为源排放。

　　借助地理信息系统把点源和面源大气铅排放分摊到网格系统中，各地区点源排放量可按照其地理位置精确定位到所在网格内，各地区的面源排放量按照云南省的土地利用现状进行比例划分，其中生活部门及其他部门燃煤排放，按照网格内对应区域的城镇居民点面积所占的比例进行排放量分配；机动车燃油排放，按照网格内对应区域交通用地所占的比例进行排放量分配；其他排放源排放，如：钢铁冶炼、有色金属、工业燃煤等按照网格内对应区域工业用地面积所占比例进行排放量分配。其中，土地利用数据来源于国家基础地理信息中心网站。各地区内部网格中排放量计算公式如下：

$$EM_{grid} = EM_P + EM_A = EM_P + L_{grid} / L_{province} \times EM_{Province} \qquad （附 B-5）$$

式中：EM_{grid} 为每个网格的排放量，kg；EM_P 为每个网格内的点源排放量，kg；EM_A 为每个网格内的面源排放量，kg；L_{grid} 为每个网格内的排放源所对应土地利用面积，m²；$L_{province}$ 为区域内的排放源所对应土地利用总面积，m²；$EM_{Province}$ 为区域内排放源排放总量，kg。

各区域边界处网格大气重金属排放量计算公式如下：

$$EM_{grid} = EM_P + EM_A = EM_P + \sum_{i=1} EM_i \qquad （附 B-6）$$

式中，EM_i 网格内每个行政区域所占区域的排放量。

2．云南省大气铅 12 km×12 km 排放清单

根据上述方法，将各个排放源分配到分辨率为 12 km×12 km 区划网格内，结果如图 B-6 所示。由此可见，云南省大气铅排放地区分布极其不平衡，滇东和滇中地区为大气铅排放的主要贡献源区；各市区内的大气铅排放量分布也极其不均匀，不同网格内的排放量差异较大。

总体而言，大气铅排放的空间分布特征可以概括为：区域人口集聚区如昆明市及大理白族自治州区域；有色金属冶炼基地如红河州及昆明市区域；煤电行业基地如曲靖市及红河州区域。污染源分布较为集中且三个集聚区相互交错，区域内除了拥有生产能力较为强大的大型企业外，数量众多且控制措施落后的小型无组织工厂和窑炉排放对大气铅的排放贡献更大，污染更为严重。

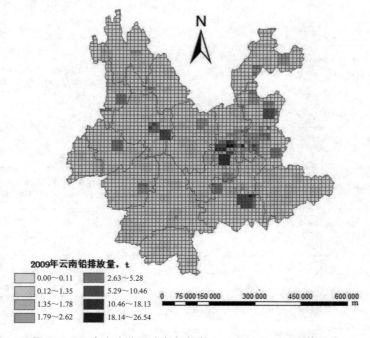

图 B-6 云南省人为源大气铅排放 12 km×12 km 网格分布

附录 C   血铅事件回顾

通过网络搜索引擎，共搜集和整理了 2006—2012 年我国 28 起儿童血铅超标事件。事件具体发生时间、地点和相关信息详见表 C-1。

表 C-1   2006—2012 年我国儿童血铅超标事件

事件时间	事件	检测人数	超标人数
2006	甘肃徽县水阳乡群众血铅超标事件		368 人血铅超标，其中 14 岁以下儿童 149 人
2006	福建建阳茶布村部分群众铅中毒事件		
2006	河南卢氏县血铅超标事件		334 人血铅超标，其中 103 人铅中毒
2007	陕西蓝田县陈沟岸村部分儿童血铅超标事件	10 名 4～14 岁儿童	8 名儿童被查出铅中毒
2007	湖南株洲某冶炼厂铅污染事件		
2007	湖南浏阳某有色金属公司铅污染事件	浏阳市官桥乡一江村燕子冲组 43 名村民	11 名儿童血铅超标（后续检测 129 人静脉血，其中 112 人血铅超标）
2009	河北安新含铅废料中毒事件		
2009	湖南益阳多家锑铅企业污染引发群体性事件		
2009	湖南武冈千余儿童血铅疑似超标事件		高铅血症儿童 38 名，轻度铅中毒儿童 28 名，中度铅中毒的儿童 17 名
2009	陕西凤翔血铅超标事件	1 016 名儿童检测	851 名儿童血铅超标
2009	江西永丰铅污染事件		
2009	云南昆明东川区铜都镇儿童血铅超标事件	1 872 名儿童检测	累计检测出 388 名儿童血铅超标
2009	福建上杭蛟洋乡部分儿童血铅超标事件	287 名少儿做检测	121 名儿童血铅超标
2009	河南济源血铅超标事件	3 108 名 14 岁以下儿童	1 008 名儿童铅中毒（＞250 μg/L）
2009	浙江长兴血铅超标事件	800 多名儿童	500 名儿童血铅超标
2009	广东清远儿童血铅超标事件		246 名儿童血铅超标

事件时间	事件	检测人数	超标人数
2010	江苏大丰市 51 名儿童血铅超标事件		
2010	湖南郴州市嘉禾县、桂阳县铅中毒事件		178 名儿童血铅超标
2010	云南大理鹤庆县血铅超标事件		84 名儿童血铅超标
2010	四川隆昌县渔箭镇血铅异常事件		94 名村民血铅异常，其中 88 人是儿童
2010	山东省泰安市宁阳县辛安店村百余人血铅超标事件	留守老人、儿童共145 人	121 人血铅超标
2011	安徽省怀宁县对高河镇新山社区儿童血铅超标事件		100 多名儿童血铅超标
2011	浙江台州上陶村血铅超标事件		168 人血铅超标
2011	浙江省德清县血铅超标事件		332 人血铅超标
2011	广东河源紫金县血铅超标事件		70 人血铅超标，其中 69 名是未成年人
2012	广东韶关仁化县董塘镇儿童血铅超标事件	69 人，其中 63 名未成年人	37 名儿童血铅超标
2012	广东清远连州市星子镇儿童血铅超标事件		至少有 80 多名儿童血铅超标
2012	河南省灵宝市铅超标事件	355 名儿童	329 名儿童血铅超标

附录 D HZ 县儿童健康调查问卷

一、儿童基本情况

A1 儿童姓名：_____.

A2 儿童性别：☐　　　　　　　　（1）男　　　（2）女

A3 儿童出生时间：☐☐☐☐年☐☐月☐☐日，阴历生日为_____

A4 儿童民族：☐

（1）汉族　　（2）回族　　（3）彝族　　（4）壮族　　（5）苗族　　（6）其他民族_____

A5 儿童在本地居住时间为☐☐年。

A6 您的孩子近半年是否有外出学习或居住的经历：　　（1）是　　　　（2）否

A7 您的孩子外出学习或居住最长的时间为☐☐☐天。

A8 儿童学习现状：☐

（1）上幼儿园　　（2）上学前班　　（3）上小学　　　（4）散居

A9 学校名称：_____

A10 您的孩子与谁共同生活：☐

（1）孩子的父母　　（2）（外）祖父母　　（3）其他

二、儿童行为模式

B1 儿童工作日每天在学校外的室外活动时间：☐☐.☐　小时

B2 儿童周末每天在学校外的室外活动时间：☐☐.☐　小时

B3 儿童咬手指或其他物品的大致情况：☐

（1）从不　　（2）偶尔　　　（3）经常　　（4）总是

B4 儿童是否趴在地上玩：☐

（1）从不　　（2）偶尔　　　（3）经常　　（4）总是

B5 儿童吃东西前是否洗手：☐

（1）从不　　（2）偶尔　　　（3）经常　　（4）总是

B6 儿童洗手时是否有家长帮助：☐　　　（1）是　　（2）否

B7 儿童在家每天饮用水 _____ mL，其中池塘水_____%；井水 _____%；
自来水_____%；购买的桶（瓶）装水_____

儿童在家每天饮用饮料 _____ mL

B8 儿童通常洗澡情况：☐

（1）每天　（2）每周 1～2 次　　（3）每月 1～2 次　　（4）小于每月 1 次

B9　儿童洗澡用水情况：□

（1）自家抽提井水　　　　　（2）井水　　　　　（3）河水、江水或湖水

（4）集中式供给的自来水　　（5）泉水　　　　　（6）商品水

B10 儿童洗澡行为习惯：□

（1）家中盆浴　　（2）家中淋浴　　（3）河、湖、江中洗　　（4）其他

三、儿童膳食调查

C1　家庭饮用水类型（多选）

（1）自家抽提井水　　　　　□

（2）口井井水　　　　　　　□

（3）河水、江水或湖水　　　□

（4）集中式供给的自来水　　□

（5）泉水　　　　　　　　　□

（6）商品水　　　　　　　　□

（7）其他_____

C2　您通常喝水的方式□

（1）开水　　　（2）生水　　　（3）桶装的烧过的纯净水

C3　儿童目前是否经常食用动物奶或其制品（乳制品）：□

（1）每天食用　（2）每周 1～2 次　（3）每月 1～2 次　（4）基本不食用

C4　儿童是否经常吃爆米花：□

（1）每天食用　（2）每周 1～2 次　（3）每月 1～2 次　（4）基本不食用

C5　儿童是否经常饮用饮料：□

（1）每天食用　（2）每周 1～2 次　（3）每月 1～2 次　（4）基本不食用

C6　儿童是否经常吃膨化食品：□

（1）每天食用　（2）每周 1～2 次　（3）每月 1～2 次　（4）基本不食用

C7　儿童是否经常服用钙、锌、铁剂：□

（1）每天食用　（2）每周 1～2 次　（3）每月 1～2 次　（4）基本不食用

C8　您是否经常食用腌制咸菜？□

（1）每天食用　（2）每周 1～2 次　（3）每月 3～4 次　（4）每月 1～2 次　（5）基本不食用

C9　您家庭食用的主食类型构成？

（1）稻米 _____%;　　　（2）土豆 _____%;

（3）小麦面 _____%;　　（4）玉米 _____%;

C10　自家产的粮食占您家主食相应品种的比例:

（1）稻米 _____%;　　　（2）土豆 _____%;

（3）小麦面 _____%;　　（4）玉米 _____%;

C11　儿童**每日**的主食量:

（1）稻米 _____ g;　　　（2）土豆 _____ g;

（3）小麦面 _____ g；　　　（4）玉米 _____ g；

C12　您家庭食用的蔬菜类型构成？

（1）叶菜类 _____%；　　　（2）果菜类 _____%；

（3）根菜类 _____%；

（4）其他　A _____（名称）_____%；B _____（名称）_____%

C13　自家产的蔬菜占家庭食用蔬菜的比例：

（1）叶菜类 _____%；　　　（2）果菜类 _____%；

（3）根菜类 _____%；

（4）其他　A _____（名称）_____%；B _____（名称）_____%

C14　儿童<u>每日</u>蔬菜摄入量：

（1）白菜等叶菜类 _____ g；

（2）番茄等果菜类 _____ g；

（3）土豆等根菜类 _____ g；

（4）其他　A _____（名称）_____ g；B _____（名称）_____ g

C15　您家庭食用的肉、蛋、奶、水果的食用频率

a. 肉　□　（1）每天食用　（2）每周1～2次　（3）每月1～2次　（4）基本不食用

b. 蛋　□　（1）每天食用　（2）每周1～2次　（3）每月1～2次　（4）基本不食用

c. 奶　□　（1）每天食用　（2）每周1～2次　（3）每月1～2次　（4）基本不食用

d. 水果 □　（1）每天食用　（2）每周1～2次　（3）每月1～2次　（4）基本不食用

C16　儿童<u>每星期</u>的肉、蛋、奶摄入量（一种或几种）：

（1）肉 A 腊肉 _____ g；B 鲜猪肉 _____ g；

　　　C 牛肉 _____ g；D ____肉 _____ g

（2）蛋 _____ g

（3）奶 _____ ml

C17　儿童<u>每星期</u>的肉、蛋、奶自给率

（1）肉 A 腊肉 _____%；B 鲜猪肉 _____%；

　　　C 牛肉 _____%；D 肉 _____%

（2）蛋 _____%

（3）奶 _____%

附录 E DY 县膳食调查问卷

一、基本情况

A1 姓名：_____

A2 性别：□   （1）男   （2）女

A3 身高：_____ 厘米（cm）

A4 体重：_____ 千克（kg）

A5 出生时间：□□□□年□□月□□日，阴历生日为_____

A6 县城以外累计打工时间：_____（月）

二、膳食记录

食物类别	早餐		中餐		晚餐	
	是否食用（1=是；2=否）	食用量（g）	是否食用（1=是；2=否）	食用量（g）	是否食用（1=是；2=否）	食用量（g）
大米（自产）						
大米（外购）						
小麦粉						
豆制品						
新鲜肉						
蛋类						
1:						
2:						
3:						
4:						

备注：若食物名称不在此表中，请见下列所需食物代码填在表格左侧的方框中，空白处可填写未包含的食物类别名称：粉干-01，红薯-02，玉米-03，青菜-04，菜头-05，红皮菜-06，白菜条-07，芹菜-08，萝卜-09，土豆-10，芋头-11，芋子-12，芥头-13，腊肉-14，鱼类-15，奶类-16，橙柑橘-17，苹果-18，香蕉-19，梨-20

参考文献

[1]   Abrahams P W. Soils：their implications to human health[J]. Science of the Total Environment，2002，291（1）：1-32.

[2]   Agostini P，Pizzol L，Critto A，et al. Regional risk assessment for contaminated sites Part 3：Spatial decision support system[J]. Environment international，2012，48：121-132.

[3]   Aitio，A.，Bernard，A.，Fowler，B.A.，et al.，（2007）. Cadmium. In G. F. Nordberg，et al（Ed.），*Handbook on the Toxicology of Metals*（pp. 65–78）：Academic Press，2007.

[4]   Ajmone-Marsan F，Biasioli M. Trace elements in soils of urban areas[J]. Water，Air，& Soil Pollution，2010，213（1-4）：121-143.

[5]   Al‐Rmalli S W，Jenkins R O，Haris P I. Dietary intake of cadmium from Bangladeshi foods[J]. Journal of food science，2012，77（1）：26-33.

[6]   Alloy L B，Clements C M. Illusion of control：Invulnerability to negative affect and depressive symptoms after laboratory and natural stressors[J]. Journal of abnormal Psychology，1992，101（2）：234.

[7]   Åmand L E，Leckner B，Eskilsson D，et al. Deposits on heat transfer tubes during co-combustion of biofuels and sewage sludge[J]. Fuel，2006，85（10）：1313-1322.

[8]   Arcella D，Cappe S，Fabiansson S，et al. Cadmium dietary exposure in the European population[J]. Eur Food Saf Authority（EFSA），2012，10：2551.

[9]   Arnich，N.，Sirot，V.，Rivière，G.，Jean，J.，et al. Dietary exposure to trace elements and health risk assessment in the 2 nd French Total Diet Study[J]. *Food and chemical toxicology*，2012，50（7），2432-2449.

[10]   Arunraj N S，Maiti J. A methodology for overall consequence modeling in chemical industry[J]. Journal of hazardous materials，2009，169（1）：556-574.

[11]   ATSDR.Draft Toxicological Profile for Chromium：for public comment[R/OL]. U.S. Department of health and human service：The Agency for Toxic Substances and Disease Registry，2008.http：//www.atsdr.cdc.gov/toxprofiles/tp7.pdf.

[12]   Baetjer A M. Effect of Chromium or Incidence of Lung Tumors in Mice and Rats[J]. Journal of Occupational and Environmental Medicine，1960，2（1）：53.

[13]   Baroni F，Boscagli A，Di Lella L A，et al. Arsenic in soil and vegetation of contaminated areas in southern Tuscany（Italy）[J]. *Journal of Geochemical Exploration*，2004，81（1）：1-14.

[14]   Basha M R，Wei W，Bakheet S A，et al. The fetal basis of amyloidogenesis：exposure to lead and latent overexpression of amyloid precursor protein and β-amyloid in the aging brain[J]. The Journal of

neuroscience，2005，25（4）：823-829.

[15]　Belkin H E，Finkelman R B，Zheng B，et al. Preliminary results on the geochemistry and mineralogy of arsenic in mineralized coals from endemic arsenosis areas in Guizhou Province[C]. Pittsburgh Coal Conference，Pittsburgh，PA（United States），1997.

[16]　Bellinger D C. Teratogen update：lead and pregnancy[J]. Birth Defects Research Part A：Clinical and Molecular Teratology，2005，73（6）：409-420.

[17]　Bellinger D C，Stiles K M，Needleman H L. Low-level lead exposure，intelligence and academic achievement：a long-term follow-up study[J]. Pediatrics，1992，90（6）：855-861.

[18]　Bernard，A. Renal dysfunction induced by cadmium：biomarkers of critical effects. *Biometals*，2014，17（5），519-523.

[19]　Bhattacharya P，Chatterjee D，Jacks G. Occurrence of Arsenic-contaminatedGroundwater in Alluvial Aquifers from Delta Plains，Eastern India：Options for Safe Drinking Water Supply[J]. International Journal of Water Resources Development，1997，13（1）：79-92.

[20]　Bhattacharya P，Frisbie S H，Smith E，et al. Arsenic in the environment：a global perspective[J]. Handbook of heavy metals in the environment. Marcell Dekker Inc.，New York，2002：147-215.

[21]　Bielicka A，Bojanowska I，Wisniewski A. Two Faces of Chromium- Pollutant and Bioelement[J]. Polish journal of environmental studies，2005，14（1）：5-10.

[22]　Biggins P D E，Harrison R M. Atmospheric chemistry of automotive lead[J]. Environmental Science & Technology，1979，13（5）：558-565.

[23]　Bo S，Mei L E I，Tongbin C，et al. Assessing the health risk of heavy metals in vegetables to the general population in Beijing，China[J]. Journal of Environmental Sciences，2009，21（12）：1702-1709.

[24]　Bradshaw A D. Ecological concepts：the contribution of ecology to an understanding of the natural world[M]. Oxford：Blackwell Scientific Publications，1989.

[25]　Calabrese E J，Baldwin L A. Performing ecological risk assessments[M]. CRC Press，1993.

[26]　Chen Y，Wang J，Shi G，et al. Human health risk assessment of lead pollution in atmospheric deposition in Baoshan District，Shanghai[J]. Environmental geochemistry and health，2011，33（6）：515-523.

[27]　Cheng H，Li M，Zhao C，et al. Overview of trace metals in the urban soil of 31 metropolises in China[J]. Journal of Geochemical Exploration，2014，139：31-52.

[28]　Cheng，H.，Zhou，T.，Li，Q.，et al. Anthropogenic chromium emissions in china from 1990 to 2009. PloS one，2014，9（2）：e87753.

[29]　Coburn A W，Spence R J，Pomonis A. Vulnerability and risk assessment[M]//UNDP/UNDRO Training Module. UNDP/UNDRO Disaster Management Training Programme，1991.

[30]　CPSC. The First China Pollution Source Census：Industrial pollution production and discharge coefficient manual. Leader Group of The First China Pollution Source Census（CPCS），2008.

[31]　Davidson C I，Rabinowitz M. Lead in the environment：from sources to human[J]. Human lead exposure，1991：65.

[32]　Davidson T，Kluz T，Burns F，et al. Exposure to chromium（Ⅵ）in the drinking water increases susceptibility to UV-induced skin tumors in hairless mice[J]. Toxicology and applied pharmacology，

2004，196（3）：431-437.

[33]　De Flora S. Threshold mechanisms and site specificity in chromium（Ⅵ）carcinogenesis[J]. Carcinogenesis，2000，21（4）：533-541.

[34]　Demir I，Hughes R E，DeMaris P J. Formation and use of coal combustion residues from three types of power plants burning Illinois coals[J]. Fuel，2001，80（11）：1659-1673.

[35]　Dilley M. Natural disaster hotspots：a global risk analysis[M]. World Bank Publications，2005.

[36]　Dobbins J P，Abkowitz M D. Development of a centralized inland marine hazardous materials response database[J]. Journal of hazardous materials，2003，102（2）：201-216.

[37]　Dunn D L. A comparative analysis of methods of health risk assessment[M]. Society of Actuaries，1996.

[38]　Duzgoren-Aydin N S. Sources and characteristics of lead pollution in the urban environment of Guangzhou[J]. Science of the Total Environment，2007，385（1）：182-195.

[39]　Eades L J，Farmer J G，MacKenzie A B，et al. Stable lead isotopic characterisation of the historical record of environmental lead contamination in dated freshwater lake sediment cores from northern and central Scotland[J]. Science of the Total Environment，2002，292（1）：55-67.

[40]　EEA. EMEP/EEA air pollutant emission inventory guidebook [R]. 2009. Available from：http：//www.eea.europa.eu/publications/emep-eea-emission-inventory-guidebook-2009.

[41]　Egan S K，Bolger P M，Carrington C D. Update of US FDA's Total Diet Study food list and diets[J]. Journal of Exposure Science and Environmental Epidemiology，2007，17（6）：573-582.

[42]　Elias R W. Lead exposures in the human environment[J]. Topics in environmental health，1985.

[43]　Ettler V，Mihaljevič M，Komárek M. ICP-MS measurements of lead isotopic ratios in soils heavily contaminated by lead smelting：tracing the sources of pollution[J]. Analytical and bioanalytical chemistry，2004，378（2）：311-317.

[44]　Ewing S A，Christensen J N，Brown S T，et al. Pb isotopes as an indicator of the Asian contribution to particulate air pollution in urban California[J]. Environmental science & technology，2010，44（23）：8911-8916.

[45]　Faroon O，Ashizawa A，Wright S，et al. Toxicological profile for cadmium[R]. Agency for Toxic Substances and Disease Registry. Atlanta：Toxicological Profile，2012.

[46]　FDA. Dietary reference intakes for vitamin A，vitamin K，arsenic，boron，chromium，copper，iodine，iron，manganese，molybdenum，nickel，silicon，vanadium，and zinc[R]. Report of the Panel on Micronutrients：National Academy Press，Washington，DC，Food and Drug Administration. Dietary supplements. Center for Food Safety and Applied Nutrition，2001.

[47]　Feng X，Li P，Qiu G，et al. Human exposure to methylmercury through rice intake in mercury mining areas，Guizhou Province，China[J]. *Environmental science & technology*，2007，42（1）：326-332.

[48]　Ferrara R，Maserti B E，Andersson M，et al. Atmospheric mercury concentrations and fluxes in the Almadén district（Spain）[J]. *Atmospheric Environment*，1998，32（22）：3897-3904.

[49]　Flegal R，Last J，McConnell E，et al. Scientific review of toxicological and human health issues related to the development of a public health goal for chromium（Ⅵ）[J]. Chromate toxicity review committee，Sacramento，Available via：http：//www. oehha. ca. gov/public_info/facts/pdf/CrPanelRptFinal901. pdf,

2001.

[50]　Gibb H J, Lees P S J, Pinsky P F, et al. Lung cancer among workers in chromium chemical production[J]. American journal of industrial medicine, 2000, 38（2）: 115-126.

[51]　Godt J, Scheidig F, Grosse-Siestrup C, et al. The toxicity of cadmium and resulting hazards for human health[J]. J Occup Med Toxicol, 2006, 1（22）: 1-6.

[52]　Goyer R A. Lead toxicity: from overt to subclinical to subtle health effects[J]. Environmental health perspectives, 1990, 86: 177.

[53]　Gray J E, Greaves I A, Bustos D M, et al. Mercury and methylmercury contents in mine-waste calcine, water, and sediment collected from the Palawan Quicksilver Mine, Philippines[J]. Environmental Geology, 2003, 43（3）: 298-307.

[54]　Gray J E, Hines M E, Higueras P L, et al. Mercury speciation and microbial transformations in mine wastes, stream sediments, and surface waters at the Almadén mining district, Spain[J]. Environmental science & technology, 2004, 38（16）: 4285-4292.

[55]　Gray J E, Theodorakos P M, Bailey E A, et al. Distribution, speciation, and transport of mercury in stream-sediment, stream-water, and fish collected near abandoned mercury mines in southwestern Alaska, USA[J]. Science of the Total Environment, 2000, 260（1）: 21-33.

[56]　Gupta A K, Suresh I V, Misra J, et al. Environmental risk mapping approach: risk minimization tool for development of industrial growth centres in developing countries[J]. Journal of Cleaner Production, 2002, 10（3）: 271-281.

[57]　Han F X, Su Y, Monts D L, et al. Assessment of global industrial-age anthropogenic arsenic contamination[J]. *Naturwissenschaften*, 2003, 90（9）: 395-401.

[58]　Hall, J., Meadowcroft , I., Sayers, P., et al. Integrated Flood Risk Management in England and Wales[J]. Nat. Hazards Rev., 2003, 4（3）, 126–135.

[59]　Hassett-Sipple, B., Swartout, J., Schoeny, R. Mercury study report to Congress. Volume 5. Health effects of mercury and mercury compounds[R]. Environmental Protection Agency, Research Triangle Park, NC （United States）. Office of Air Quality Planning and Standards.

[60]　Helble J J. A model for the air emissions of trace metallic elements from coal combustors equipped with electrostatic precipitators[J]. Fuel Processing Technology, 2000, 63（2）: 125-147.

[61]　Helble J J, Mojtahedi W, Lyyränen J, et al. Trace element partitioning during coal gasification[J]. Fuel, 1996, 75（8）: 931-939.

[62]　Horiguchi H, Oguma E, Sasaki S, et al. Environmental exposure to cadmium at a level insufficient to induce renal tubular dysfunction does not affect bone density among female Japanese farmers[J]. Environmental research, 2005, 97（1）: 83-92.

[63]　Horvat M, Nolde N, Fajon V, et al. Total mercury, methylmercury and selenium in mercury polluted areas in the province Guizhou, China[J]. Science of the Total Environment, 2003, 304（1）: 231-256.

[64]　Hou X, Parent M, Savard M M, et al. Lead concentrations and isotope ratios in the exchangeable fraction: tracing soil contamination near a copper smelter[J]. Geochemistry: Exploration, Environment, Analysis, 2006, 6（2-3）: 229-236.

[65] HSE. Reducing risks，protecting people-HSE's decision making process[M]. Health and Safety Executive，ISBN 0-7176-2151-0，http：//www.he.gov.uk/dst/r2 p2.pdf，2001.

[66] Huang Y，Jin B，Zhong Z，et al. Trace elements（Mn，Cr，Pb，Se，Zn，Cd and Hg）in emissions from a pulverized coal boiler[J]. Fuel Processing Technology，2004，86（1）：23-32.

[67] Hutchinson T C，Meema K M. Lead，mercury，cadmium，and arsenic in the environment [M]. New York：John Wiley and Sons，1987.

[68] IARC. Chromium，nickel and welding（Vol. Vol 49）. Lyon：International Agency for Research on Cancer，1990，677 p.

[69] IARC. Cadmium and cadmium compounds.（Vol. Volume 58 of the IARC Monographs）. Lyon：International Agency for Research on Cancer，1993.

[70] Ikeda M，Ezaki T，Tsukahara T，et al. Dietary cadmium intake in polluted and non-polluted areas in Japan in the past and in the present[J]. International archives of occupational and environmental health，2004，77（4）：227-234.

[71] Ikeda M，Shimbo S，Watanabe T，et al. Correlation among cadmium levels in river sediment，in rice，in daily foods and in urine of residents in 11 prefectures in Japan[J]. International archives of occupational and environmental health，2006，79（5）：365-370.

[72] Il'yasova D，Schwartz G G. Cadmium and renal cancer[J]. Toxicology and applied pharmacology，2005，207（2）：179-186.

[73] ILO. *Occupational exposure limits for airborne toxic substances，3 rd edition*. International Labour Office，Geneva：Occupational Safety and Health Series，1991.

[74] Ilyin，I.，Travnikov O，Aas W，et al. Heavy metals：transboundary pollution of the environment[M]. Meteorological Synthesizing Centre-East，2004.

[75] Ito S，Yokoyama T，Asakura K. Emissions of mercury and other trace elements from coal-fired power plants in Japan[J]. Science of the Total Environment，2006，368（1）：397-402.

[76] James，E. D.. Risk Analysis for Health and Environmental Management[M]. Halifax，NS：Environmental Management Development in Indonesia Project（EMDI Project），1990.

[77] Järup，L. Hazards of heavy metal contamination. British medical bulletin，2003，68（1），167-182.

[78] Järup L，Alfvén T. Low level cadmium exposure，renal and bone effects-the OSCAR study[J]. Biometals，2004，17（5）：505-509.

[79] Järup L，Berglund M，Elinder C G，et al. Health effects of cadmium exposure–a review of the literature and a risk estimate[J]. Scandinavian journal of work，environment & health，1998，1-51.

[80] Järup L，Hellström L，Alfvén T，et al. Low level exposure to cadmium and early kidney damage：the OSCAR study[J]. Occupational and environmental medicine，2000，57（10）：668-672.

[81] Jin T，Nordberg G，Wu X，et al. Urinary N-acetyl-β-D-glucosaminidase isoenzymes as biomarker of renal dysfunction caused by cadmium in a general population[J]. Environmental research，1999，81（2）：167-173.

[82] Jin T，Nordberg M，Frech W，et al. Cadmium biomonitoring and renal dysfunction among a population environmentally exposed to cadmium from smelting in China（ChinaCad）[J]. Biometals，2002，15（4）：

397-410.

[83]　Jiang，F.，Wang，T.，Wang，T.，et alNumerical modeling of a continuous photochemical pollution episode in Hong Kong using WRF–chem. Atmospheric environment，2008，42（38）：8717-8727.

[84]　Julin B，Wolk A，Bergkvist L，et al. Dietary cadmium exposure and risk of postmenopausal breast cancer：a population-based prospective cohort study[J]. Cancer research，2012，72（6）：1459-1466.

[85]　Kapaj S，Peterson H，Liber K，et al. Human health effects from chronic arsenic poisoning–a review[J]. Journal of Environmental Science and Health Part A，2006，41（10）：2399-2428.

[86]　Katz S A，Salem H. The toxicology of chromium with respect to its chemical speciation：a review[J]. Journal of Applied Toxicology，1993，13（3）：217-224.

[87]　Kazantzis G. Cadmium，osteoporosis and calcium metabolism[J]. Biometals，2004，17（5）：493-498.

[88]　Khan S，Cao Q，Zheng Y M，et al. Health risks of heavy metals in contaminated soils and food crops irrigated with wastewater in Beijing，China[J]. Environmental pollution，2008，152（3）：686-692.

[89]　Khitrov G，Jaeger R. Chromium toxicity[R/OL]. NYU Departments of Dermatology and of Toxicology. New York，NY. http：//www. nyu. edu/classes/jaeger/chromium_toxicity. htm，2002，10（16）：2.

[90]　Kim Y D，Yim D H，Eom S Y，et al. Temporal changes in urinary levels of cadmium，N-acetyl-β-d-glucosaminidase and β 2-microglobulin in individuals in a cadmium-contaminated area[J]. Environmental toxicology and pharmacology，2015，39（1）：35-41.

[91]　Klaassen，C. D. Casarett and Doull's toxicology：the basic science of poisons[M]. New York（NY）：McGraw-Hill，2013.

[92]　Kuchuk A A，Krzyzanowski M，Huysmans K. The application of WHO's Health and Environment Geographic Information System（HEGIS）in mapping environmental health risks for the European region[J]. Journal of hazardous materials，1998，61（1）：287-290.

[93]　Lauwerys R R，Bernard A M，Roels H A，et al. Cadmium：exposure markers as predictors of nephrotoxic effects[J]. Clinical chemistry，1994，40（7）：1391-1394.

[94]　Lee H S，Cho Y H，Park S O，et al. Dietary exposure of the Korean population to arsenic，cadmium，lead and mercury[J]. Journal of Food Composition and Analysis，2006，19：S31-S37.

[95]　Li P，Feng X，Shang L，et al. Mercury pollution from artisanal mercury mining in Tongren，Guizhou，China[J]. Applied Geochemistry，2008，23（8）：2055-2064.

[96]　Li P，Feng X B，Qiu G L，et al. Mercury pollution in Asia: a review of the contaminated sites[J]. Journal of Hazardous Materials，2009，168（2）：591-601.

[97]　Li Q，Cheng H，Zhou T，et al. The estimated atmospheric lead emissions in China，1990–2009[J]. Atmospheric Environment，2012，60：1-8.

[98]　Li X，Pi J，Li B，et al. Urinary arsenic speciation and its correlation with 8-OHdG in Chinese residents exposed to arsenic through coal burning[J]. Bull Environ Contam Toxicol，2008，81：406-411.

[99]　Li Z H，Li P，Randak T. Evaluating the toxicity of environmental concentrations of waterborne chromium（VI）to a model teleost，Oncorhynchus mykiss：a comparative study of in vivo and in vitro[J]. Comparative Biochemistry and Physiology Part C: Toxicology & Pharmacology，2011，153（4）：402-407.

[100]　Liao X Y，Chen T B，Xie H，et al. Soil As contamination and its risk assessment in areas near the

industrial districts of Chenzhou City，Southern China[J]. *Environment International*，2005，31（6）：791-798.

[101] Lindberg，E.，Vesterberg，O. Urinary excretion of proteins in chromeplaters，exchromeplaters and referents[J]. *Scandinavian journal of work，environment & health*，1983，505-510.

[102] Lindqvist O. Special issue of first international on mercury as a global pollutant[J]. *Water，Air，and Soil Pollution*，1991，56（1）.

[103] Linos A，Petralias A，Christophi C A，et al. Oral ingestion of hexavalent chromium through drinking water and cancer mortality in an industrial area of Greece-An ecological study[J]. Environ Health，2011，10（1）：50.

[104] Liu C S，Kuo H W，Lai J S，et al. Urinary N-acetyl-β-glucosaminidase as an indicator of renal dysfunction in electroplating workers[J]. International archives of occupational and environmental health，1998，71（5）：348-352.

[105] Lanphear B P，Hornung R，Khoury J，et al. Low-level environmental lead exposure and children's intellectual function：an international pooled analysis[J]. Environmental health perspectives，2005：894-899.

[106] Ma H，Shih H C，Hung M L，et al. Integrating input output analysis with risk assessment to evaluate the population risk of arsenic[J]. Environmental science & technology，2012，46（2）：1104-1110.

[107] Ma X J，Lin C，Zhen W. Cancer care in China：A general review[J]. Biomedical imaging and intervention journal，2008，4（3）.

[108] Mandal B K，Suzuki K T. Arsenic round the world：a review[J]. Talanta，2002，58（1）：201-235.

[109] Mao G，Guo X，Kang R，et al. Prevalence of disability in an arsenic exposure area in Inner Mongolia，China[J]. Chemosphere，2010，80（9）：978-981.

[110] Markowitz，M. Lead poisoning. *Pediatrics in review/American Academy of Pediatrics*，2000，21（10），327-335.

[111] McElroy J A，Shafer M M，Trentham-Dietz A，et al. Cadmium exposure and breast cancer risk[J]. Journal of the National Cancer Institute，2006，98（12）：869-873.

[112] Megill R E. An introduction to risk analysis（2 nd Edition）[M]. United States：Pennwell Books，Tulsa，OK，1984.

[113] Meij R，te Winkel H. The emissions of heavy metals and persistent organic pollutants from modern coal-fired power stations[J]. Atmospheric Environment，2007，41（40）：9262-9272.

[114] Menke A，Muntner P，Batuman V，et al. Blood lead below 0.48 μmol/L（10 μg/dL）and mortality among US adults[J]. Circulation，2006，114（13）：1388-1394.

[115] Merad M M，Verdel T，Roy B，et al. Use of multi-criteria decision-aids for risk zoning and management of large area subjected to mining-induced hazards[J]. Tunnelling and Underground Space Technology，2004，19（2）：125-138.

[116] Mergler D，Anderson H A，Chan L H M，et al. Methylmercury exposure and health effects in humans：a worldwide concern[J]. AMBIO：A Journal of the Human Environment，2007，36（1）：3-11.

[117] Morgenstern R D，Shih J S，Sessions S L. Comparative risk assessment：an international comparison of

methodologies and results[J]. Journal of hazardous materials，2000，78（1）：19-39.

[118] Muñoz O，Bastias J M，Araya M，et al. Estimation of the dietary intake of cadmium，lead，mercury，and arsenic by the population of Santiago（Chile）using a Total Diet Study[J]. Food and Chemical Toxicology，2005，43（11）：1647-1655.

[119] Mutti A，Valcavi P，Fornari M，et al. Urinary excretion of brush-border antigen revealed by monoclonal antibody：early indicator of toxic nephropathy[J]. The Lancet，1985，326（8461）：914-917.

[120] Nadakavukaren A. Our global environment：A health perspective[M]. Waveland Press，2011.

[121] NAS，. Committee on the Institutional Means for Assessment of Risks to Public Health. Risk assessment in the federal government：Managing the process[M]. National Academy Press（NAS），1983.

[122] Nasreddine L，Nashalian O，Naja F，et al. Dietary exposure to essential and toxic trace elements from a total diet study in an adult Lebanese urban population[J]. Food and chemical toxicology，2010，48（5）：1262-1269.

[123] Navas-Acien A，Guallar E，Silbergeld E K，et al. Lead exposure and cardiovascular disease：a systematic review[J]. Environmental health perspectives，2007：472-482.

[124] Nawrot T S，Thijs L，Den Hond E M，et al. An epidemiological re-appraisal of the association between blood pressure and blood lead：a meta-analysis[J]. Journal of Human Hypertension，2002，16（2）：123-31.

[125] Needleman H L，Schell A，Bellinger D，et al. The long-term effects of exposure to low doses of lead in childhood：an 11-year follow-up report[J]. New England journal of medicine，1990，322（2）：83-88.

[126] Ng J C，Wang J P，Zheng B，et al. Urinary porphyrins as biomarkers for arsenic exposure among susceptible populations in Guizhou province，China[J]. Toxicol Appl Pharmacol，2005，206：176-184.

[127] Nho-Kim E Y，Michou M，Peuch V H. Parameterization of size-dependent particle dry deposition velocities for global modeling[J]. Atmospheric Environment，2004，38（13）：1933-1942.

[128] Niisoe，T.，Harada，K. H.，Hitomi，T.，et al. Environmental ecological modeling of human blood lead levels in East Asia[J]. Environmental science & technology，2011，45（7），2856-2862.

[129] Niisoe T，Nakamura E，Harada K，et al. A global transport model of lead in the atmosphere[J]. Atmospheric Environment，2010，44（14）：1806-1814.

[130] Nishijo M，Nakagawa H，Honda R，et al. Effects of maternal exposure to cadmium on pregnancy outcome and breast milk[J]. Occupational and environmental medicine，2002，59（6）：394-397.

[131] Nodelman I G，Pisupati S V，Miller S F，et al. Partitioning behavior of trace elements during pilot-scale combustion of pulverized coal and coal–water slurry fuel[J]. Journal of hazardous materials，2000，74（1）：47-59.

[132] Nogawa K，Kobayashi E，Okubo Y，et al. Environmental cadmium exposure，adverse effects and preventive measures in Japan[J]. Biometals，2004，17（5）：581-587.

[133] Nordberg G，Jin T，Bernard A，et al. Low bone density and renal dysfunction following environmental cadmium exposure in China[J]. AMBIO：A Journal of the Human Environment，2002，31（6）：478-481.

[134] Nordberg G F. Cadmium and health in the 21 st century–historical remarks and trends for the future[J]. Biometals，2004，17（5）：485-489.

[135] NPI. Emissions Estimation Technique Manual for Aggregated Emisions from Motor Vehicles. Australia：

National Environmental Protection Council（NEPC），2000.

[136] NPI. Emission Estimation Technique Manual for Aggregated Emissions from Domestic/Commercial Solvent and Aerosol Use[R/OL]. Environment Australia：National Pollutant Inventory（NPI），1999.

[137] NRC. Science and judgement in risk assessment[M]. National Academy Press，Washington，D.C.，1994.

[138] Nriagu J O. A global assessment of natural sources of atmospheric trace metals[J]. Nature，1989，338（6210）：47-49.

[139] NTP. Toxicology and carcinogenesis studies of sodium dichromate dihydrate（Cas No. 7789-12-0）in F344/N rats and B6C3F1 mice（drinking water studies）[R]. National Toxicology Progra（NTP）m technical report series，2008（546）：1.

[140] Nyberg C M，Thompson J S，Zhuang Y，et al. Fate of trace element haps when applying mercury control technologies[J]. Fuel Processing Technology，2009，90（11）：1348-1353.

[141] OEHHA. Fact Sheet：Final Public Health Goal for Hexavalent Chromium[R/OL]. Office of Environmental Health Hazard Assessment，http：//www.oehha.ca.gov/public_info/facts/Cr6 facts072711.html.

[142] OSHA，Occupational Safety and Health Administration. Occupational safety and health guideline for mercury vapor[S]. 2011.

[143] Pacyna E G，Pacyna J M，Fudala J，et al. Current and future emissions of selected heavy metals to the atmosphere from anthropogenic sources in Europe[J]. Atmospheric Environment，2007，41（38）：8557-8566.

[144] Pacyna J M，Pacyna E G. An assessment of global and regional emissions of trace metals to the atmosphere from anthropogenic sources worldwide[J]. Environmental Reviews，2001，9（4）：269-298.

[145] Pacyna，J. M.，Pacyna，E. G.，Aas，W. Changes of emissions and atmospheric deposition of mercury，lead，and cadmium[J]. Atmospheric environment. 2009，43（1）：117-127.

[146] Peters K，Eiden R. Modelling the dry deposition velocity of aerosol particles to a spruce forest［J］. Atmospheric Environment. 1992. 26（14）：2555-2564.

[147] Petroff，A.，Mailliat，A.，Amielh，M.，et al. Aerosol dry deposition on vegetative canopies. Part I：Review of present knowledge[J]. Atmospheric environment，2008，42（16）：3625-3653.

[148] Petts J，Cairney T，Smith M. Risk-based contaminated land investigation and assessment[M]. John Wiley & Sons，1997.

[149] Pilsner R，Hu H，Ettinger A，et al. Influence of prenatal lead exposure on genomic methylation of cord blood DNA[J]. Epidemiology，2009，20（6）：S84.

[150] Pocock S J，Smith M，Baghurst P. Environmental lead and children's intelligence：a systematic review of the epidemiological evidence[J]. Bmj，1994，309（6963）：1189-1197.

[151] Polissar L，Lowry-Coble K，Kalman D A，et al. Pathways of human exposure to arsenic in a community surrounding a copper smelter[J]. Environmental research，1990，53（1）：29-47.

[152] Prüss-Ustün A，Vickers C，Haefliger P，et al. Knowns and unknowns on burden of disease due to chemicals：a systematic review[J]. Environ Health，2011，10（9）.

[153] Qichao W，Qingchun S，Shulian K，et al. Distribution of 15 trace elements in the combustion products of coal[J]. Journal of fuel chemistry and technology，1996，24（2）：137-142.

[154] Qiu G，Feng X，Wang S，et al. Mercury and methylmercury in riparian soil，sediments，mine-waste calcines，and moss from abandoned Hg mines in east Guizhou province，southwestern China[J]. Applied Geochemistry，2005，20（3）：627-638.

[155] Rahman M M，Ng J C，Naidu R. Chronic exposure of arsenic via drinking water and its adverse health impacts on humans[J]. Environmental geochemistry and health，2009，31（1）：189-200.

[156] Rodríguez-Lado L，Sun G，Berg M，et al. Groundwater arsenic contamination throughout China[J]. Science，2013，341（6148）：866-868.

[157] Rogan W J，Dietrich K N，Ware J H，et al. The effect of chelation therapy with succimer on neuropsychological development in children exposed to lead[J]. New England Journal of Medicine，2001，344（19）：1421-1426.

[158] Rosner D，Markowitz G. The politics of lead toxicology and the devastating consequences for children[J]. American journal of industrial medicine，2007，50（10）：740-756.

[159] Rubio C，Hardisson A，Reguera J I，et al. Cadmium dietary intake in the Canary Islands，Spain[J]. Environmental Research，2006，100（1）：123-129.

[160] Safarzadeh M S，Bafghi M S，Moradkhani D，et al. A review on hydrometallurgical extraction and recovery of cadmium from various resources[J]. *Minerals Engineering*，2007，20（3）：211-220.

[161] Schnaas L，Rothenberg S J，Flores M F，et al. Reduced intellectual development in children with prenatal lead exposure[J]. Environmental Health Perspectives，2006：791-797.

[162] Schoeters G，Hond E D，Zuurbier M，et al. Cadmium and children：exposure and health effects[J]. Acta Paediatrica，2006，95（s453）：50-54.

[163] Schwartz J. Low-level lead exposure and children's IQ：a metaanalysis and search for a threshold[J]. Environmental research，1994，65（1）：42-55.

[164] Schütz H，Wiedemann P M，Hennings W，et al. Comparative risk assessment：concepts，problems and applications[M]. John Wiley & Sons，2006.

[165] Scire，J. S.，Strimaitis，D. G.，Yamartino，R. J. A user's guide for the CALPUFF dispersion model[M]. Earth Tech，Inc，2000，521，1-521.

[166] Scragg，A. *Environmental Biotechnology*（2 nd edition ed.）[M]. Oxford：Oxford University Press，2006.

[167] Seinfeld J H，Pandis S N. Atmospheric chemistry and physics：from air pollution to climate change[M]. John Wiley & Sons，2012.

[168] Shah M H，Shaheen N，Jaffar M. Characterization，source identification and apportionment of selected metals in TSP in an urban atmosphere[J]. Environmental monitoring and assessment，2006，114（1-3）：573-587.

[169] Shelnutt S R，Goad P，Belsito D V. Dermatological toxicity of hexavalent chromium[J]. Critical reviews in toxicology，2007，37（5）：375-387.

[170] Shook G. An assessment of disaster risk and its management in Thailand[J]. Disasters，1997，21（1）：77-88.

[171] Shular J. Locating and Estimating Air Emissions from Sources of Chromium：Supplement[M]. US Environmental Protection Agency，Office of Air Quality Planning and Standards，1989.

[172] Slinn，S.，Slinn，W. Predictions for particle deposition on natural waters[J]. Atmospheric Environment 1980，14（9），1013-1016.

[173] Slinn，W. Predictions for particle deposition to vegetative canopies. Atmospheric Environment，1982，16（7）：1785-1794.

[174] Snyder C A，Udasin I，Waterman S J，et al. Reduced IL-6 levels among individuals in Hudson County，New Jersey，an area contaminated with chromium[J]. Archives of Environmental Health：An International Journal，1996，51（1）：26-28.

[175] Stearns D M，Wise J P，Patierno S R，et al. Chromium（III）picolinate produces chromosome damage in Chinese hamster ovary cells[J]. The FASEB journal，1995，9（15）：1643-1648.

[176] Stout M D，Herbert R A，Kissling G E，et al. Hexavalent chromium is carcinogenic to F344/N rats and B6C3F1 mice after chronic oral exposure[J]. Environ Health Perspect，2009，117（5）：716-722.

[177] Sun G，Li X，Pi J，et al. Current research problems of chronic arsenicosis in China[J]. Journal of Health，Population and Nutrition，2006：176-181.

[178] Surkan P J，Zhang A，Trachtenberg F，et al. Neuropsychological function in children with blood lead levels＜ 10 µg/dL[J]. Neurotoxicology，2007，28（6）：1170-1177.

[179] Tan M G，Zhang G L，Li X L，et al. Comprehensive study of lead pollution in Shanghai by multiple techniques[J]. Analytical chemistry，2006，78（23）：8044-8050.

[180] Telisman S，Cvitković P，Jurasović J，et al. Semen quality and reproductive endocrine function in relation to biomarkers of lead，cadmium，zinc，and copper in men[J]. Environmental Health Perspectives，2000，108（1）：45.

[181] Tian H，Cheng K，Wang Y，et al. Temporal and spatial variation characteristics of atmospheric emissions of Cd，Cr，and Pb from coal in China[J]. Atmospheric Environment，2012，50：157-163.

[182] Tian H Z，Wang Y，Xue Z G，et al. Trend and characteristics of atmospheric emissions of Hg，As，and Se from coal combustion in China，1980–2007[J]. Atmospheric Chemistry and Physics，2010，10（23）：11905-11919.

[183] TMGBS.（1987）. Survey of Health Effects from Chromium Contamination：Fourth Report[R]. Tokyo：Tokyo Metropolitan Government Bureau of Sanitation，1987.

[184] Tsukahara T，Ezaki T，Moriguchi J，et al. Rice as the most influential source of cadmium intake among general Japanese population[J]. Science of the total environment，2003，305（1）：41-51.

[185] Turner B L，Kasperson R E，Matson P A，et al. A framework for vulnerability analysis in sustainability science[J]. Proceedings of the national academy of sciences，2003，100（14）：8074-8079.

[186] Turconi，G.，Minoia，C.，Ronchi，A.，et al. Dietary exposure estimates of twenty-one trace elements from a Total Diet Study carried out in Pavia，Northern Italy[J]. *British journal of nutrition*，2009，101（08）：1200-1208.

[187] USEPA. Compilation of Air Pollutant Emission Factors，AP-42，Fifth Edition，Vol. I：Stationary Point and Area Sources. Environmental Protection Agency（EPA），Washington，DC，2001.

[188] USEPA. Emissions Factors & AP 42，Compilation of Air Pollutant Emission Factors [R]. 1995. http：//www.epa.gov/ttn/chief/ap42/.

[189] USEPA. Exposure factors handbook Revised[M]. Washington DC：US Environmental Protection Agency，Office of Research and Development，2009.

[190] USEPA. Integrated Risk Information System. Cadmium. Carcinogenicity Assessment for Lifetime Exposure[R/OL]. United States Environmental Protection Agency，1992.http：//www.epa.gov/iris/subst/0277.htm.

[191] USEPA. HH：Evaluation of Risks from Lead[EB/OL]. United States Environmental Protection Agency，http：//www2.epa.gov/region8/hh-evaluation-risks-lead，2012 [2014-09-22].

[192] USEPA. Integrated Risk Information System：Chromium（VI）（CASRN 18540-29-9）[R]. US Environmental Protection Agency，1998. http：//www.epa.gov/iris/subst/0144.htm.

[193] U.S. HHS. Food labeling：Reference daily intakes and daily reference values[J]. Fed Regist：US Department of Health and Human Services 1990，55：29476-29486.

[194] USGS. Lead. Mineral Commodity Summaries [OL/R]. U.S. Geological Survey，2015. http：//minerals.usgs.gov/minerals/pubs/commodity/lead/mcs-2015-lead.pdf.

[195] Van Cauwenbergh，R.，Bosscher，D.，Robberecht，H.，et al.（Daily dietary cadmium intake in Belgium using duplicate portion sampling [J]. *European food research and technology*，2000，212（1）：13-16.

[196] Vannoort R W，Cressey P J，Silvers K. 1997/98 New Zealand Total Diet Survey. Part 2：Elements. Selected Contaminants & Nutrients [R]. .New Zealand Ministry of Health，2000.

[197] Van der Gon H D，Appelman W. Lead emissions from road transport in Europe：a revision of current estimates using various estimation methodologies[J]. Science of the Total Environment，2009，407（20）：5367-5372.

[198] Varnes D J. Landslide hazard zonation：a review of principles and practice[M]. United Nations，1984.

[199] Veiga M M，Baker R F，Fried M B，et al. Protocols for environmental and health assessment of mercury released by artisanal and small-scale gold miners[M]. United Nations Publications，2004.

[200] Verougstraete V，Lison D，Hotz P. Cadmium，lung and prostate cancer：a systematic review of recent epidemiological data[J]. Journal of Toxicology and Environmental Health Part B：Critical Reviews，2003，6（3）：227-256.

[201] Victorin K，Hogstedt C，Kyrklund T，et al. Setting priorities for environmental health risks in Sweden[M]//Environmental Health for All. Springer Netherlands，1999：35-51.

[202] Von Storch H，Costa-Cabral M，Hagner C，et al. Four decades of gasoline lead emissions and control policies in Europe：a retrospective assessment[J]. Science of the Total Environment，2003，311（1）：151-176.

[203] Wallin M，Sallsten G，Lundh T，et al. Low-level cadmium exposure and effects on kidney function[J]. Occupational and environmental medicine，2014，71（12）：848-854.

[204] Wang J，Guo P，Li X，et al. Source identification of lead pollution in the atmosphere of Shanghai City by analyzing single aerosol particles（SAP）[J]. *Environmental science & technology*，2000，34（10）：1900-1905.

[205] Wang J P，Maddalena R，Zheng B，et al. Arsenicosis status and urinary malondialdehyde（MDA）in people exposed to arsenic contaminated-coal in China[J]. Environ Int，2009，35：502-506.

[206] Wang Q C, Kang S L, Chen C, et al. Study on the contents and distribution laws of trace elements in coal in northeast China and eastern Inner Mongolia[J]. Environmental Chemistry, 1996, 15 (1): 27-35.

[207] Wang S, Feng X, Qiu G, et al. Mercury concentrations and air/soil fluxes in Wuchuan mercury mining district, Guizhou province, China[J]. Atmospheric Environment, 2007, 41 (28): 5984-5993.

[208] Wedeen R P, Qian L F. Chromium-induced kidney disease[J]. Environmental health perspectives, 1991, 92: 71.

[209] Wesely, M., Hicks, B. A review of the current status of knowledge on dry deposition[J]. Atmospheric environment, 2000, 34 (12): 2261-2282.

[210] White P, Pelling M, Sen K, et al. Disaster risk reduction: a development concern[M]. London: DfID, 2005.

[211] WHO. Arsenic and Arsenic Compounds. Environmental Health Criteria, Vol. 224. Geneva: World Health Organization, 2001.

[212] WHO. Cadmium. Iternational Programme on Chemical Safety: Environmaental health Criteria (EHC) [R]. Geneva: World Health Organisition (WHO), Vol.134, 1992.

[213] WHO. Childhood lead poisoning[M]. Geneva: WHO Press, 2010.

[214] WHO. Guidelines for drinking-water quality[R/OL]. Geneva: World Health Organisation, 2006 http://www.who.int/water_sanitation_health/dwq/en/gdwq3_12.pdf. 2015.

[215] WHO. Global Health Risks: Mortality and Burden of Disease Attributable to Selected Major Risks. Geneva: World Health Organization, 2009[J]. GlobalHealthRisks_report_full. pdf, 2011.

[216] WHO. Health risks of heavy metals from long-range transboundary air pollution[M]. World Health Organization Regional Office Europe, 2007.

[217] WHO. Inorganic chromium (III) compounds[R/OL]. Geneva: World Health Organization, 2009. http://apps.who.int/iris/bitstream/10665/44090/1/9789241530767_eng.pdf.

[218] WHO. Inorganic Mercury. Environmental Health Criteria, Vol. 118. Geneva: World Health Organization, 1991.

[219] WHO. International Programme on Chemical Safety Environmental Health criteria 165: Inorganic lead. *Geneva: WHO*, 1995.

[220] WHO. The world health report 2002: reducing risks, promoting healthy life[R]. World Health Organization, 2002.

[221] WHO/UNECE.Health risks of heavy metals from long-range transboundary air pollution (Draft of May 2006 ed.) [R]. Geneva: WorldHealth Organisation (WHO) and United Nations Economic Commission for Europe (UNECE), 2006.

[222] Wilbur S, A. H., Fay M, et al. (Ed.). *Toxicological profile for chromium*: Agency for Toxic Substances and Disease Registry (US), 2012.

[223] Wilbur, S., Ingerman, L., Citra, M., et al., Toxicological profile for chromium. US Department of Health and Human Services. *Public Health Service, Agency for Toxic Substances and Disease Registry*, 2000, 1-419.

[224] Wilbur S B. Toxicological profile for chromium[M]. US Department of Health and Human Services, Public Health Service, Agency for Toxic Substances and Disease Registry, 2000.

[225] Wu B，Chen T. Changes in hair arsenic concentration in a population exposed to heavy pollution：Follow-up investigation in Chenzhou City，Hunan Province，Southern China[J]. Journal of Environmental Sciences，2010，22（2）：283-289.

[226] Wu J，Basha M R，Brock B，et al. Alzheimer's disease（AD）-like pathology in aged monkeys after infantile exposure to environmental metal lead（Pb）：evidence for a developmental origin and environmental link for AD[J]. The Journal of Neuroscience，2008，28（1）：3-9.

[227] Xu Y，Wang Y，Zheng Q，et al. Association of oxidative stress with arsenic methylation in chronic arsenic-exposed children and adults[J]. Toxicology and applied pharmacology，2008，232（1）：142-149.

[228] Yi, H., Hao, J., Duan, L., et al. Fine particle and trace element emissions from an anthracite coal-fired power plant equipped with a bag-house in China[J]. Fuel，2008，87（10）：2050-2057.

[229] Yuan C，Lu X，Oro N，et al. Arsenic speciation analysis in human saliva[J]. Clin Chem，2008，54：163-171.

[230] Yuan X，Wang J，Shang Y，et al. Health risk assessment of cadmium via dietary intake by adults in China[J]. Journal of the Science of Food and Agriculture，2014，94（2）：373-380.

[231] Zabeo A，Pizzol L，Agostini P，et al. Regional risk assessment for contaminated sites Part 1：Vulnerability assessment by multicriteria decision analysis[J]. Environment international，2011，37（8）：1295-1306.

[232] Zhang G，Yao H，Wu W，et al. Genotypic and environmental variation in cadmium，chromium，arsenic，nickel，and lead concentrations in rice grains[J]. Journal of Zhejiang University Science B，2006，7（7）：565-571.

[233] Zhang H，Feng X，Larssen T，et al. In inland China，rice，rather than fish，is the major pathway for methylmercury exposure[J]. Environmental Health Perspectives，2010，118（9）：1183-1188.

[234] Zhang J D，Li X L. Chromium pollution of soil and water in Jinzhou[J]. Zhonghua yu fang yi xue za zhi [Chinese Journal of Preventive Medicine]，1987，21（5）：262.

[235] Zhang J，Han C L，Xu Y Q. The release of the hazardous elements from coal in the initial stage of combustion process[J]. Fuel processing technology，2003，84（1）：121-133.

[236] Zhang, L., Gong, S., Padro, J., et al. A size-segregated particle dry deposition scheme for an atmospheric aerosol module[J]. Atmospheric environment，2001，35（3）：549-560.

[237] Zhang L，Wang S，Wang L，et al. Updated Emission Inventories for Speciated Atmospheric Mercury from Anthropogenic Sources in China[J]. Environmental science & technology，2015，49（5）：3185-3194.

[238] Zhang, L., Wright, L. P., Blanchard, P. A review of current knowledge concerning dry deposition of atmospheric mercury[J]. *Atmospheric environment*，2009，43（37）：5853-5864.

[239] Zhang W L，Du Y，Zhai M M，et al. Cadmium exposure and its health effects：A 19-year follow-up study of a polluted area in China[J]. Science of the Total Environment，2014，470：224-228.

[240] Zhang Y L，Zhao Y C，Wang J X，et al. Effect of environmental exposure to cadmium on pregnancy outcome and fetal growth：a study on healthy pregnant women in China[J]. Journal of Environmental Science and Health，Part A，2004，39（9）：2507-2515.

[241] Zheng N，Liu J，Wang Q，et al. Health risk assessment of heavy metal exposure to street dust in the zinc smelting district，Northeast of China[J]. Science of the Total Environment，2010，408（4）：726-733.

[242] 安建博，张瑞娟. 低剂量汞毒性与人体健康. 国外医学医学地理分册[J]. 2007，28（1）：39-42.

[243] 百度文库. 中国矿产资源概况及资源分布图谱[DB/OL].http：//wenku.baidu.com/link？url=2LPrslCyn782IFtVy6LJvDQ7nj4nmBEcDEKEkKMa8YVY-cFrzjhCI35e4-K3bz_9NuSA8DKkDkKXb97gWFZKM-4X1DrimvYCse6N-npWrzG.

[244] 毕军，王华东. 沈阳地区过去 30 年环境风险时格局的研究[J]. 环境科学，1995，16（5）：72-75.

[245] 曹希寿. 区域环境风险评价与管理初探. 中国环境科学[J]，1994，14（6）：465-470.

[246] 常元勋. 金属毒理学[M]. 北京：北京大学医学出版社，2008.

[247] 陈保卫，Le X.Chris. 中国关于砷的研究进展[J]. 环境化学，2011（11）：1936-1943.

[248] 陈保卫，那仁满都拉，吕美玲，等. 砷的代谢机制、毒性和生物检测[J]. 化学进展，2009，21：474-382.

[249] 陈莉莉，宋辉，潘洁. 我国职业性铅接触对作业女工生殖健康影响的 Meta 分析[J]. 中国职业医学，2009，36（5）：375-378.

[250] 程胜高，但德忠.环境与健康[M]. 北京：中国环境科学出版社，2006.

[251] 陈学敏，杨克敌，衡正昌. 环境卫生学第 6 版[M]. 北京：人民卫生出版社，2009.

[252] 丁桑岚. 环境评价概论[M]. 北京：化学工业出版社，2001.

[253] 董兆敏，吴世闽，胡建英. 中国部分地区铅暴露儿童健康风险评价 [J]. 中国环境科学，2011，31（11）：1910-1916.

[254] 段小丽.暴露参数的研究方法及其在环境健康风险评价中应用[M].北京：科学出版社，2012.

[255] 冯新斌，陈玖斌，付学吾，等. 汞的环境地球化学研究进展[J]. 矿物岩石地球化学通报，2013（5）：503-530.

[256] 傅伯杰，刘国华，陈利顶，等. 中国生态区划方案[J]. 生态学报，2001，21（1）：1-6.

[257] 高俊全，李筱薇，赵京玲. 2000 年中国总膳食研究——膳食铅，镉摄入量[J]. 卫生研究，2007，35（6）：750-754.

[258] 郭广慧，宋波. 城市土壤重金属含量及其对儿童健康风险的初步评价——以四川省宜宾市为例[J]. 长江流域资源与环境，2010（8）：946-952.

[259] 国家环境保护局. GB/T 13201—91 制定地方大气污染物排放标准的技术方法[S]. 国家环境保护局，1991.

[260] 国家环境保护局. HJ/T 2.2—1993 环境影响评价技术导则-大气环境[S]. 国家环境保护局，1993.

[261] 国家环境保护局，国家技术监督局. GB 15618—1995 土壤环境质量标准[S]. 中国标准出版社，1995.

[262] 国家环境保护局，国家技术监督局. GB 3838—2002 地表水环境质量标准[S]. 中国标准出版社，2002.

[263] 国家技术监督局，中华人民共和国卫生部. GB/T 17221—1998 环境镉污染健康危害区判定标准 [S]. 北京：中国标准出版社，1998.

[264] 郭舜勤.铬锰的性质及其应用[M]. 北京：高等教育出版社，1992.

[265] 韩天旭.环境铅，镉污染健康风险评价指标体系的构建及实证研究[D]. 华中科技大学，2012.

[266] 韩素芹，冯银厂，边海，等.天津大气污染物日变化特征的 WRF-Chem 数值模拟[J]. 中国环境科学，2008，28（9）：828-832.

[267] 何德文，周欢年，刘蕾. 铅冶炼技术进展及污染防治[J]. 中国金属通报，2011，40：7.

[268] 环境保护部，国土资源部.全国土壤污染状况调查公报[R].环境保护部，国土资源部，2014.

[269] 环境保护部，国家质量监督检验检疫总局. GB 3095—2012 环境空气质量标准[S]. 中国标准出版社，

2012.

[270] 黄圣彪，王子健，乔敏. 区域环境风险评价及其关键科学问题[J]. 环境科学学报，2007，27（5）：705-713.

[271] 黄勇，杨忠芳，张连志，等.基于重金属的区域健康风险评价——以成都经济区为例[J]. 现代地质，2009，22（6）：990-997.

[272] 胡二邦，彭理通. 环境风险评价实用技术和方法[M]. 北京：中国环境科学出版社，2000.

[273] 姜菲菲，孙丹峰，李红，等. 北京市农业土壤重金属污染环境风险等级评价[J]. 农业工程学报，2011，27（8）：330-337.

[274] 兰冬东，刘仁志，曾维华. 区域环境污染事件风险分区技术及其应用[J]. 应用基础与工程科学学报，2009（S1）：82-91.

[275] 李可基，屈宁宁. 中国成人基础代谢率实测值与公式预测值的比较[J]. 营养学报，2004，4.

[276] 李大华，唐跃刚，陈坤，等. 中国西南地区煤中 12 种有害微量元素的分布[J]. 中国矿业大学学报，2006，35（1）：15-20.

[277] 李倩. 区域铅污染环境健康风险评价及风险分区研究[D].北京师范大学，2013.

[278] 李若贵. 我国铅锌冶炼工艺现状及发展[J]. 中国有色冶金，2010，39（6）：13-20.

[279] 刘冬梅，沈庆海，陈颖，等. 基于重金属类有毒空气污染物重点行业分析的有限控制政策研究. 2011 年重金属污染防治技术及风险评价研讨会论文集[C]，北京，2011，165-172.

[280] 刘桂友，徐琳瑜. 一种区域环境风险评价方法——信息扩散法[J]. 环境科学学报，2007，27（9）：1549-1556.

[281] 刘世杰，刚葆，王世俊. 中华人民共和国职业病防治法与职业病防治管理全书[M]. 北京：中国工人出版社，2001.

[282] 刘随臣. 我国铬铁矿未来供需态势与国外供矿前景分析[J]. 中国国土资源经济，2004，17（8）：4-6.

[283] 马苗卉. 我国铅锌资源现状及发展政策建议[J]. 西部资源，2008（2）：21-25.

[284] 毛小苓，倪晋仁. 生态风险评价研究述评[J]. 北京大学学报：自然科学版，2005，41（4）：646-654.

[285] 秦俊法 . 1953—2005 年中国燃煤大气铅排放量估算[J]. 广东微量元素科学 2010：27-35.

[286] 仇广乐. 贵州省典型汞矿地区汞的环境地球化学研究 [D]. 中国科学院研究生院（地球化学研究所），2005.

[287] 曲常胜，毕军，黄蕾，等.我国区域环境风险动态综合评价研究[J]. 北京大学学报：自然科学版，2010（3）：477-482.

[288] 史贵涛. 痕量有毒金属元素在农田土壤-作物系统中的生物地球化学循环 [D]. 华东师范大学，2009.

[289] 石剑荣. 水体扩散衍生公式在环境风险评价中的应用[J]水科学进展，2005，16（1）：92-102.

[290] 王静，钱瑜. 区域环境风险评价方法初探[J]. 污染防治技术，2009，22（1）：19-21.

[291] 王世俊. 临床职业病学[M]. 北京医科大学中国协和医科大学联合出版社，1994，1-4：132-135.

[292] 魏复盛，陈静生，吴燕玉.中国土壤元素背景值. 北京：中国环境科学出版社，1990.

[293] 魏梁鸿，周文琴. 砷矿资源开发与环境治理 [J]. 湖南地质.1992，11（3）：259-262.

[294] 吴淑岱. 中国环境监测总站[M]. 中华人民共和国土壤环境背景值图集. 北京：中国环境出版社，1994.

[295] 夏增禄，李森照，罗金发.喀喇昆仑山—西昆仑山地区土壤元素的自然含量特征[J]. 应用生态学报，

1992，3（1）：28-35.

[296] 肖细元，陈同斌，廖晓勇，等. 中国主要含砷矿产资源的区域分布与砷污染问题[J]. 地理研究，2008，27（1）：201-212.

[297] 熊海金，袁宝珊. 儿童血铅水平与智商的相关性研究[J]. 中国实用儿科杂志，2000，15（12）：731-732.

[298] 许嘉琳，居荣. 陆地生态系统中的重金属[M]. 北京：中国环境科学出版社，1995.

[299] 徐玲玲，赵金平，徐亚，等. 大气汞的来源及其浓度分布特征研究进展[J]. 环境污染与防治，2012，33（11）：82-88.

[300] 杨海，李平，仇广乐，等. 世界汞矿地区汞污染研究进展[J]. 地球与环境，2009，37（1）：80-85.

[301] 杨洁，毕军，李其亮，等. 区域环境风险区划理论与方法研究[J]. 环境科学研究，2006，19（4）：132-137.

[302] 袁珊珊，肖细元，郭朝晖. 中国镉矿的区域分布及土壤镉污染风险分析[J]. 环境污染与防治，2012，34（6）：51-56.

[303] 曾维华，宋永会，姚新，等.多尺度突发环境污染事故风险区划[M]. 北京：科学出版社，2013.

[304] 张娟，张福神. 重金属 Hg 的环境地球化学特征及污染防治[J]. 科技情报开发与经济，2010，20（5）：144-146.

[305] 张小敏，张秀英，钟太洋，等. 中国农田土壤重金属富集状况及其空间分布研究[J]. 环境科学，2014，35（2）：692-703.

[306] 张延. 日本水俣病和水俣湾的环境恢复与保护[J]. 调查研究，2006（5）：84.

[307] 张永春. 有害废物生态风险评价[M].北京：中国环境科学出版社，2002.

[308] 张玉蓉，顾世祥，谢波，等. 云南省农业灌溉用水定额标准的编制[J]. 水利水电科技进展，2007，27（2）：80-84.

[309] 郑明贵，赖亮光. 中国铬矿需求情景分析[J]. 资源与产业，2011，13（4）：43.

[310] 中国地质矿产信息研究院.中国矿产[M]. 北京：中国建材工业出版社，1993.

[311] 中国矿业网.中国矿产资源—汞矿[EB/OL]. http：//www. chinamining. com. cn/report/default . asp ？V_DOC_ ID =1141/2003.

[312] 中华人民共和国国家质量监督检验检疫总局，中国国家标准化管理委员会. WS/T211-2001 地方性砷中毒诊断标准[S].中国标准出版社，2001.

[313] 中华人民共和国环境保护部. 中国人群暴露参数手册（成人卷）[M]. 北京：中国环境科学出版社，2013.

[314] 中华人民共和国卫生部. GBZ 17—2002 中华人民共和国国家职业卫生标准[S]. 中华人民共和国卫生部，2002.

[315] 朱定祥，倪守斌. 铬的生物地球化学及生物效应[J]. 广东微量元素科学，2004，11（4）：1-9.

[316] 邹晓锦，仇荣亮，周小勇，等. 大宝山矿区重金属污染对人体健康风险的研究[J]. 环境科学学报，2008，28（7）：1406-141.